くもんの小学ドリル

がんばり3年生 学習記ろく表

名前

JN028742

1	2	3	4				8
9	10	11	12	13	14	15	16
17	18	19	20	21	22	23	24
25	26	27	28	29	30	31	32
33	34	35	36	37	38	39	40
41	42	43	44	45	46	47	48
49							

1さつぜんぶ終わったら、
ここに大きなシールを
はりましょう。

あなたは
「くもんの小学ドリル　算数　3年生たし算・ひき算」を、
さいごまでやりとげました。
すばらしいです！
これからもがんばってください。

1 たし算のふくしゅう(1)

月　　日　名前

時　　分　おわり　　時　　分

1 計算をしましょう。

〔1もん　2点〕

1. $14 + 3$
2. $21 + 8$
3. $27 + 3$
4. $29 + 5$
5. $30 + 6$
6. $34 + 8$
7. $13 + 25$
8. $25 + 32$
9. $34 + 42$
10. $16 + 27$
11. $27 + 18$
12. $39 + 15$
13. $26 + 48$
14. $33 + 47$
15. $50 + 40$
16. $40 + 51$
17. $32 + 49$
18. $29 + 66$
19. $38 + 35$
20. $17 + 38$

2 計算(けいさん)をしましょう。 〔1もん　3点(てん)〕

❶ $\begin{array}{r} 26 \\ +\ 33 \\ \hline \end{array}$

❷ $\begin{array}{r} 29 \\ +\ 65 \\ \hline \end{array}$

❸ $\begin{array}{r} 17 \\ +\ 82 \\ \hline \end{array}$

❹ $\begin{array}{r} 34 \\ +\ \ 9 \\ \hline \end{array}$

❺ $\begin{array}{r} 50 \\ +\ 47 \\ \hline \end{array}$

❻ $\begin{array}{r} 32 \\ +\ 58 \\ \hline \end{array}$

❼ $\begin{array}{r} 48 \\ +\ 49 \\ \hline \end{array}$

❽ $\begin{array}{r} 56 \\ +\ 43 \\ \hline \end{array}$

❾ $\begin{array}{r} 63 \\ +\ 18 \\ \hline \end{array}$

❿ $\begin{array}{r} 25 \\ +\ 57 \\ \hline \end{array}$

⓫ $\begin{array}{r} 27 \\ +\ 68 \\ \hline \end{array}$

⓬ $\begin{array}{r} 70 \\ +\ 29 \\ \hline \end{array}$

⓭ $\begin{array}{r} 65 \\ +\ 33 \\ \hline \end{array}$

⓮ $\begin{array}{r} 56 \\ +\ 34 \\ \hline \end{array}$

⓯ $\begin{array}{r} 19 \\ +\ 73 \\ \hline \end{array}$

⓰ $\begin{array}{r} 46 \\ +\ 45 \\ \hline \end{array}$

⓱ $\begin{array}{r} 62 \\ +\ 24 \\ \hline \end{array}$

⓲ $\begin{array}{r} 44 \\ +\ 38 \\ \hline \end{array}$

⓳ $\begin{array}{r} 28 \\ +\ 66 \\ \hline \end{array}$

⓴ $\begin{array}{r} 32 \\ +\ 59 \\ \hline \end{array}$

たし算(ざん)のひっ算(さん)を思(おも)い出(だ)そう。

点

2 たし算のふくしゅう(2)

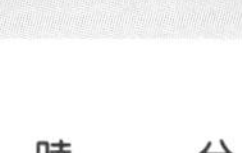

月　日　名前

時　分　おわり　時　分

1 計算をしましょう。

〔1もん　2点〕

❶ 63 ＋32

❷ 64 ＋55

❸ 41 ＋66

❹ 62 ＋67

❺ 75 ＋67

❻ 84 ＋73

❼ 50 ＋78

❽ 52 ＋69

❾ 69 ＋72

❿ 83 ＋68

⓫ 60 ＋80

⓬ 54 ＋68

⓭ 63 ＋39

⓮ 68 ＋49

⓯ 57 ＋95

⓰ 66 ＋34

⓱ 92 ＋28

⓲ 47 ＋85

⓳ 86 ＋54

⓴ 98 ＋83

2 計算(けいさん)をしましょう。

〔1もん　3点(てん)〕

❶ $163 + 6$

❷ $192 + 7$

❸ $173 + 8$

❹ $208 + 8$

❺ $247 + 7$

❻ $124 + 33$

❼ $128 + 41$

❽ $156 + 32$

❾ $234 + 47$

❿ $356 + 39$

⓫ $124 + 58$

⓬ $245 + 23$

⓭ $224 + 59$

⓮ $335 + 48$

⓯ $317 + 67$

⓰ $138 + 55$

⓱ $343 + 27$

⓲ $208 + 17$

⓳ $413 + 28$

⓴ $546 + 47$

たし算(ざん)のひっ算(さん)を思(おも)い出(だ)そう。

点

3 チェックテスト(1)

月　日　名前　 はじめ　時　分　おわり　時　分

1 つぎの計算(けいさん)をしましょう。　〔1もん　2点(てん)〕

❶ $\begin{array}{r} 26 \\ +18 \\ \hline \end{array}$

❷ $\begin{array}{r} 32 \\ +\ 9 \\ \hline \end{array}$

❸ $\begin{array}{r} 53 \\ +24 \\ \hline \end{array}$

❹ $\begin{array}{r} 47 \\ +25 \\ \hline \end{array}$

❺ $\begin{array}{r} 54 \\ +30 \\ \hline \end{array}$

❻ $\begin{array}{r} 71 \\ +28 \\ \hline \end{array}$

❼ $\begin{array}{r} 45 \\ +38 \\ \hline \end{array}$

❽ $\begin{array}{r} 36 \\ +\ 7 \\ \hline \end{array}$

❾ $\begin{array}{r} 29 \\ +16 \\ \hline \end{array}$

❿ $\begin{array}{r} 68 \\ +\ 2 \\ \hline \end{array}$

⓫ $\begin{array}{r} 50 \\ +34 \\ \hline \end{array}$

⓬ $\begin{array}{r} 18 \\ +27 \\ \hline \end{array}$

⓭ $\begin{array}{r} 75 \\ +16 \\ \hline \end{array}$

⓮ $\begin{array}{r} 48 \\ +39 \\ \hline \end{array}$

⓯ $\begin{array}{r} 23 \\ +67 \\ \hline \end{array}$

⓰ $\begin{array}{r} 22 \\ +18 \\ \hline \end{array}$

⓱ $\begin{array}{r} 31 \\ +66 \\ \hline \end{array}$

⓲ $\begin{array}{r} 46 \\ +17 \\ \hline \end{array}$

⓳ $\begin{array}{r} 59 \\ +34 \\ \hline \end{array}$

⓴ $\begin{array}{r} 65 \\ +19 \\ \hline \end{array}$

2 つぎの計算をしましょう。 〔1もん　3点〕

❶ $52+63$

❷ $74+35$

❸ $40+93$

❹ $68+83$

❺ $70+60$

❻ $85+45$

❼ $56+97$

❽ $64+48$

❾ $73+54$

❿ $96+45$

⓫ $53+80$

⓬ $47+79$

⓭ $37+66$

⓮ $52+48$

⓯ $84+39$

⓰ $161+34$

⓱ $136+28$

⓲ $122+69$

⓳ $235+17$

⓴ $354+37$

答え合わせをして点数をつけてから，99ページのアドバイスを読もう。

点

4 3けたの数のたし算(1)

月　日　名前　はじめ　時　分　おわり　時　分

1 計算をしましょう。　〔1もん　2点〕

❶ 100 + 70

❷ 106 + 80

❸ 120 + 43

❹ 126 + 42

❺ 136 + 44

❻ 110 + 4

❼ 115 + 7

❽ 128 + 3

❾ 138 + 5

❿ 128 + 53

2 計算をしましょう。　〔1もん　3点〕

❶ 116 + 29

❷ 124 + 39

❸ 204 + 86

❹ 223 + 69

❺ 225 + 47

❻ 315 + 36

❼ 433 + 58

❽ 138 + 44

❾ 412 + 59

❿ 427 + 54

3けたの数のたし算をれんしゅうしよう。

3 計算(けいさん)をしましょう。

〔1もん　2点(てん)〕

❶
$$\begin{array}{r} 100 \\ +100 \\ \hline \end{array}$$

❷
$$\begin{array}{r} 200 \\ +100 \\ \hline \end{array}$$

❸
$$\begin{array}{r} 300 \\ +200 \\ \hline \end{array}$$

❹
$$\begin{array}{r} 400 \\ +300 \\ \hline \end{array}$$

❺
$$\begin{array}{r} 400 \\ +500 \\ \hline \end{array}$$

❻
$$\begin{array}{r} 130 \\ +110 \\ \hline \end{array}$$

❼
$$\begin{array}{r} 210 \\ +120 \\ \hline \end{array}$$

❽
$$\begin{array}{r} 320 \\ +220 \\ \hline \end{array}$$

❾
$$\begin{array}{r} 350 \\ +440 \\ \hline \end{array}$$

❿
$$\begin{array}{r} 556 \\ +343 \\ \hline \end{array}$$

4 計算(けいさん)をしましょう。

〔1もん　3点(てん)〕

❶
$$\begin{array}{r} 325 \\ +142 \\ \hline \end{array}$$

❷
$$\begin{array}{r} 325 \\ +153 \\ \hline \end{array}$$

❸
$$\begin{array}{r} 325 \\ +129 \\ \hline \end{array}$$

❹
$$\begin{array}{r} 254 \\ +437 \\ \hline \end{array}$$

❺
$$\begin{array}{r} 254 \\ +438 \\ \hline \end{array}$$

❻
$$\begin{array}{r} 315 \\ +338 \\ \hline \end{array}$$

❼
$$\begin{array}{r} 308 \\ +333 \\ \hline \end{array}$$

❽
$$\begin{array}{r} 483 \\ +209 \\ \hline \end{array}$$

❾
$$\begin{array}{r} 508 \\ +266 \\ \hline \end{array}$$

❿
$$\begin{array}{r} 432 \\ +148 \\ \hline \end{array}$$

まちがえたもんだいは，もう一(いち)どやりなおしてみよう。

点

5 3けたの数のたし算(2)

月　日　名前　はじめ　時　分　おわり　時　分

1 計算をしましょう。　〔1もん　2点〕

❶ $647+100$	❻ $230+140$	⓫ $231+550$	⓰ $237+208$
❷ $446+330$	❼ $232+215$	⓬ $714+120$	⓱ $129+309$
❸ $572+118$	❽ $247+315$	⓭ $454+318$	⓲ $256+406$
❹ $503+219$	❾ $528+412$	⓮ $306+187$	⓳ $377+609$
❺ $354+225$	❿ $367+518$	⓯ $656+236$	⓴ $483+308$

2 計算(けいさん)をしましょう。

〔1もん　3点(てん)〕

❶
$$\begin{array}{r} 120 \\ +\ 60 \\ \hline \end{array}$$

❷
$$\begin{array}{r} 120 \\ +\ 94 \\ \hline \end{array}$$

❸
$$\begin{array}{r} 132 \\ +\ 96 \\ \hline \end{array}$$

❹
$$\begin{array}{r} 243 \\ +\ 94 \\ \hline \end{array}$$

❺
$$\begin{array}{r} 353 \\ +\ 96 \\ \hline \end{array}$$

❻
$$\begin{array}{r} 120 \\ +160 \\ \hline \end{array}$$

❼
$$\begin{array}{r} 120 \\ +194 \\ \hline \end{array}$$

❽
$$\begin{array}{r} 132 \\ +196 \\ \hline \end{array}$$

❾
$$\begin{array}{r} 243 \\ +194 \\ \hline \end{array}$$

❿
$$\begin{array}{r} 353 \\ +196 \\ \hline \end{array}$$

⓫
$$\begin{array}{r} 317 \\ +181 \\ \hline \end{array}$$

⓬
$$\begin{array}{r} 347 \\ +182 \\ \hline \end{array}$$

⓭
$$\begin{array}{r} 366 \\ +282 \\ \hline \end{array}$$

⓮
$$\begin{array}{r} 473 \\ +245 \\ \hline \end{array}$$

⓯
$$\begin{array}{r} 523 \\ +369 \\ \hline \end{array}$$

⓰
$$\begin{array}{r} 128 \\ +459 \\ \hline \end{array}$$

⓱
$$\begin{array}{r} 279 \\ +216 \\ \hline \end{array}$$

⓲
$$\begin{array}{r} 105 \\ +146 \\ \hline \end{array}$$

⓳
$$\begin{array}{r} 161 \\ +209 \\ \hline \end{array}$$

⓴
$$\begin{array}{r} 134 \\ +406 \\ \hline \end{array}$$

まちがえたもんだいは，もう一(いち)どやりなおしてみよう。

点

6 3けたの数のたし算(3)

月　日　名前

時　分　おわり　時　分

1 計算をしましょう。

〔1もん　2点〕

❶ $345 + 120$

❷ $345 + 127$

❸ $457 + 128$

❹ $376 + 105$

❺ $473 + 108$

❻ $247 + 102$

❼ $462 + 154$

❽ $254 + 190$

❾ $135 + 282$

❿ $592 + 185$

2 計算をしましょう。

〔1もん　2点〕

❶ $670 + 180$

❷ $260 + 389$

❸ $164 + 494$

❹ $192 + 312$

❺ $290 + 379$

❻ $184 + 506$

❼ $309 + 262$

❽ $262 + 375$

❾ $138 + 502$

❿ $142 + 219$

3 計算をしましょう。

〔1もん　3点〕

1. $232 + 496$
2. $171 + 458$
3. $249 + 317$
4. $284 + 123$
5. $190 + 380$
6. $378 + 104$
7. $218 + 178$
8. $524 + 259$
9. $504 + 386$
10. $123 + 148$
11. $262 + 374$
12. $549 + 116$
13. $364 + 108$
14. $484 + 235$
15. $270 + 540$
16. $214 + 604$
17. $329 + 464$
18. $185 + 392$
19. $259 + 627$
20. $250 + 387$

まちがえたもんだいは，もう一どやりなおしてみよう。

点

7 3けたの数のたし算(4)

月　日　名前

時　分　おわり　時　分

1 計算をしましょう。〔1もん　2点〕

❶ $293 + 385$

❷ $352 + 473$

❸ $381 + 525$

❹ $263 + 674$

❺ $274 + 385$

❻ $257 + 133$

❼ $242 + 338$

❽ $368 + 126$

❾ $215 + 392$

❿ $226 + 392$

⓫ $104 + 609$

⓬ $309 + 273$

⓭ $162 + 176$

⓮ $128 + 302$

⓯ $116 + 527$

⓰ $254 + 108$

⓱ $242 + 151$

⓲ $486 + 293$

⓳ $328 + 653$

⓴ $328 + 655$

2 計算(けいさん)をしましょう。

〔1もん　3点(てん)〕

❶ $\begin{array}{r} 208 \\ +155 \\ \hline \end{array}$

❷ $\begin{array}{r} 164 \\ +326 \\ \hline \end{array}$

❸ $\begin{array}{r} 383 \\ +432 \\ \hline \end{array}$

❹ $\begin{array}{r} 322 \\ +129 \\ \hline \end{array}$

❺ $\begin{array}{r} 322 \\ +192 \\ \hline \end{array}$

❻ $\begin{array}{r} 351 \\ +463 \\ \hline \end{array}$

❼ $\begin{array}{r} 258 \\ +391 \\ \hline \end{array}$

❽ $\begin{array}{r} 357 \\ +180 \\ \hline \end{array}$

❾ $\begin{array}{r} 374 \\ +118 \\ \hline \end{array}$

❿ $\begin{array}{r} 347 \\ +181 \\ \hline \end{array}$

⓫ $\begin{array}{r} 367 \\ +122 \\ \hline \end{array}$

⓬ $\begin{array}{r} 257 \\ +127 \\ \hline \end{array}$

⓭ $\begin{array}{r} 503 \\ +248 \\ \hline \end{array}$

⓮ $\begin{array}{r} 524 \\ +375 \\ \hline \end{array}$

⓯ $\begin{array}{r} 534 \\ +375 \\ \hline \end{array}$

⓰ $\begin{array}{r} 203 \\ +592 \\ \hline \end{array}$

⓱ $\begin{array}{r} 428 \\ +453 \\ \hline \end{array}$

⓲ $\begin{array}{r} 104 \\ +386 \\ \hline \end{array}$

⓳ $\begin{array}{r} 149 \\ +538 \\ \hline \end{array}$

⓴ $\begin{array}{r} 194 \\ +583 \\ \hline \end{array}$

まちがえたもんだいは，もう一(いち)どやりなおしてみよう。

点

8 3けたの数のたし算(5)

月　日　名前

時　分　おわり　時　分

1 計算をしましょう。　〔1もん　2点〕

❶ 142 + 63

❷ 180 + 66

❸ 166 + 26

❹ 146 + 38

❺ 118 + 68

❻ 225 + 67

❼ 238 + 42

❽ 245 + 27

❾ 247 + 39

❿ 274 + 92

⓫ 425 + 36

⓬ 424 + 59

⓭ 453 + 64

⓮ 431 + 59

⓯ 438 + 16

⓰ 363 + 54

⓱ 352 + 87

⓲ 347 + 81

⓳ 366 + 82

⓴ 366 + 28

2 計算をしましょう。

〔1もん　3点〕

1. 175 + 52
2. 142 + 64
3. 164 + 54
4. 128 + 54
5. 167 + 24
6. 329 + 52
7. 321 + 59
8. 353 + 72
9. 342 + 73
10. 324 + 37
11. 448 + 14
12. 423 + 47
13. 526 + 57
14. 537 + 54
15. 573 + 45
16. 473 + 18
17. 308 + 72
18. 483 + 71
19. 667 + 72
20. 778 + 19

まちがえたもんだいは，もう一どやりなおしてみよう。

点

9 3けたの数のたし算(6)

月　日　名前

はじめ　時　分　おわり　時　分

1 計算をしましょう。　〔1もん　2点〕

❶ $258 + 24$

❷ $258 + 34$

❸ $258 + 44$ = 3□□

❹ $258 + 54$

❺ $258 + 84$

❻ $253 + 74$

❼ $281 + 27$

❽ $294 + 10$

❾ $294 + 18$

❿ $274 + 58$

⓫ $335 + 17$

⓬ $335 + 87$

⓭ $247 + 37$

⓮ $247 + 67$

⓯ $247 + 77$

⓰ $366 + 27$

⓱ $366 + 37$

⓲ $366 + 47$

⓳ $366 + 57$

⓴ $366 + 67$

2 計算(けいさん)をしましょう。

〔1もん　3点(てん)〕

❶ $\begin{array}{r} 359 \\ +\ 32 \\ \hline \end{array}$	❻ $\begin{array}{r} 215 \\ +\ 76 \\ \hline \end{array}$	⓫ $\begin{array}{r} 344 \\ +\ 80 \\ \hline \end{array}$	⓰ $\begin{array}{r} 479 \\ +\ 12 \\ \hline \end{array}$
❷ $\begin{array}{r} 359 \\ +\ 62 \\ \hline \end{array}$	❼ $\begin{array}{r} 245 \\ +\ 76 \\ \hline \end{array}$	⓬ $\begin{array}{r} 344 \\ +\ 89 \\ \hline \end{array}$	⓱ $\begin{array}{r} 479 \\ +\ 22 \\ \hline \end{array}$
❸ $\begin{array}{r} 349 \\ +\ 41 \\ \hline \end{array}$	❽ $\begin{array}{r} 434 \\ +\ 38 \\ \hline \end{array}$	⓭ $\begin{array}{r} 317 \\ +\ 57 \\ \hline \end{array}$	⓲ $\begin{array}{r} 479 \\ +\ 32 \\ \hline \end{array}$
❹ $\begin{array}{r} 349 \\ +\ 81 \\ \hline \end{array}$	❾ $\begin{array}{r} 434 \\ +\ 78 \\ \hline \end{array}$	⓮ $\begin{array}{r} 367 \\ +\ 57 \\ \hline \end{array}$	⓳ $\begin{array}{r} 594 \\ +\ 28 \\ \hline \end{array}$
❺ $\begin{array}{r} 349 \\ +\ 85 \\ \hline \end{array}$	❿ $\begin{array}{r} 434 \\ +\ 98 \\ \hline \end{array}$	⓯ $\begin{array}{r} 387 \\ +\ 57 \\ \hline \end{array}$	⓴ $\begin{array}{r} 694 \\ +\ 28 \\ \hline \end{array}$

まちがえたもんだいは，もう一(いち)どやりなおしてみよう。

点

10 3けたの数のたし算(7)

月　日　名前　はじめ　時　分　おわり　時　分

1 計算をしましょう。〔1もん　2点〕

❶ $163 + 75$

❷ $260 + 79$

❸ $466 + 79$

❹ $467 + 55$

❺ $284 + 78$

❻ $245 + 25$

❼ $316 + 84$

❽ $586 + 37$

❾ $452 + 79$

❿ $444 + 89$

⓫ $145 + 55$

⓬ $124 + 98$

⓭ $286 + 23$

⓮ $257 + 43$

⓯ $259 + 84$

⓰ $519 + 73$

⓱ $249 + 89$

⓲ $456 + 76$

⓳ $359 + 65$

⓴ $354 + 78$

2 計算をしましょう。 〔1もん　3点〕

❶ $\begin{array}{r} 246 \\ +\ 39 \\ \hline \end{array}$

❷ $\begin{array}{r} 229 \\ +\ 66 \\ \hline \end{array}$

❸ $\begin{array}{r} 229 \\ +\ 86 \\ \hline \end{array}$

❹ $\begin{array}{r} 313 \\ +\ 89 \\ \hline \end{array}$

❺ $\begin{array}{r} 263 \\ +\ 88 \\ \hline \end{array}$

❻ $\begin{array}{r} 248 \\ +\ 45 \\ \hline \end{array}$

❼ $\begin{array}{r} 228 \\ +\ 62 \\ \hline \end{array}$

❽ $\begin{array}{r} 228 \\ +\ 94 \\ \hline \end{array}$

❾ $\begin{array}{r} 258 \\ +\ 75 \\ \hline \end{array}$

❿ $\begin{array}{r} 258 \\ +\ 64 \\ \hline \end{array}$

⓫ $\begin{array}{r} 287 \\ +\ 76 \\ \hline \end{array}$

⓬ $\begin{array}{r} 276 \\ +\ 48 \\ \hline \end{array}$

⓭ $\begin{array}{r} 229 \\ +\ 83 \\ \hline \end{array}$

⓮ $\begin{array}{r} 331 \\ +\ 89 \\ \hline \end{array}$

⓯ $\begin{array}{r} 433 \\ +\ 88 \\ \hline \end{array}$

⓰ $\begin{array}{r} 293 \\ +\ 48 \\ \hline \end{array}$

⓱ $\begin{array}{r} 498 \\ +\ 36 \\ \hline \end{array}$

⓲ $\begin{array}{r} 398 \\ +\ 57 \\ \hline \end{array}$

⓳ $\begin{array}{r} 284 \\ +\ 76 \\ \hline \end{array}$

⓴ $\begin{array}{r} 483 \\ +\ 96 \\ \hline \end{array}$

まちがえたもんだいは，もう一どやりなおしてみよう。

点

11 3けたの数のたし算(8)

月　日　名前

時　分　おわり　時　分

1 計算をしましょう。

〔1もん　2点〕

1. 147 + 235
2. 147 + 245
3. 147 + 275
4. 147 + 265
5. 147 + 255
6. 418 + 164
7. 418 + 194
8. 635 + 165
9. 142 + 278
10. 324 + 299
11. 344 + 139
12. 344 + 149
13. 344 + 179
14. 264 + 178
15. 264 + 138
16. 388 + 416
17. 446 + 387
18. 204 + 398
19. 399 + 175
20. 464 + 189

2 計算をしましょう。

〔1もん　3点〕

❶ $\begin{array}{r} 266 \\ +325 \\ \hline \end{array}$

❷ $\begin{array}{r} 266 \\ +336 \\ \hline \end{array}$

❸ $\begin{array}{r} 266 \\ +347 \\ \hline \end{array}$

❹ $\begin{array}{r} 274 \\ +456 \\ \hline \end{array}$

❺ $\begin{array}{r} 274 \\ +426 \\ \hline \end{array}$

❻ $\begin{array}{r} 392 \\ +494 \\ \hline \end{array}$

❼ $\begin{array}{r} 397 \\ +494 \\ \hline \end{array}$

❽ $\begin{array}{r} 387 \\ +496 \\ \hline \end{array}$

❾ $\begin{array}{r} 287 \\ +488 \\ \hline \end{array}$

❿ $\begin{array}{r} 545 \\ +289 \\ \hline \end{array}$

⓫ $\begin{array}{r} 348 \\ +337 \\ \hline \end{array}$

⓬ $\begin{array}{r} 348 \\ +386 \\ \hline \end{array}$

⓭ $\begin{array}{r} 465 \\ +362 \\ \hline \end{array}$

⓮ $\begin{array}{r} 465 \\ +348 \\ \hline \end{array}$

⓯ $\begin{array}{r} 583 \\ +167 \\ \hline \end{array}$

⓰ $\begin{array}{r} 271 \\ +483 \\ \hline \end{array}$

⓱ $\begin{array}{r} 516 \\ +349 \\ \hline \end{array}$

⓲ $\begin{array}{r} 399 \\ +402 \\ \hline \end{array}$

⓳ $\begin{array}{r} 158 \\ +787 \\ \hline \end{array}$

⓴ $\begin{array}{r} 437 \\ +384 \\ \hline \end{array}$

まちがえたもんだいは，もう一どやりなおしてみよう。

点

12 3けたの数のたし算(9)

月　日　名前

はじめ　時　分　おわり　時　分

1 計算をしましょう。〔1もん　2点〕

❶ $235 + 149$

❷ $235 + 180$

❸ $328 + 437$

❹ $345 + 587$

❺ $115 + 329$

❻ $185 + 339$

❼ $254 + 196$

❽ $253 + 189$

❾ $376 + 131$

❿ $376 + 138$

⓫ $298 + 315$

⓬ $248 + 675$

⓭ $199 + 1$

⓮ $499 + 2$

⓯ $148 + 584$

⓰ $432 + 299$

⓱ $100 + 200 =$

⓲ $100 + 150 =$

⓳ $760 + 134 =$

⓴ $152 + 326 =$

2 計算(けいさん)をしましょう。

〔1もん　3点(てん)〕

❶
$$\begin{array}{r} 553 \\ +302 \\ \hline \end{array}$$

❷
$$\begin{array}{r} 490 \\ +366 \\ \hline \end{array}$$

❸
$$\begin{array}{r} 266 \\ +126 \\ \hline \end{array}$$

❹
$$\begin{array}{r} 278 \\ +368 \\ \hline \end{array}$$

❺
$$\begin{array}{r} 145 \\ +367 \\ \hline \end{array}$$

❻
$$\begin{array}{r} 259 \\ +467 \\ \hline \end{array}$$

❼
$$\begin{array}{r} 542 \\ +378 \\ \hline \end{array}$$

❽
$$\begin{array}{r} 187 \\ +229 \\ \hline \end{array}$$

❾
$$\begin{array}{r} 326 \\ +480 \\ \hline \end{array}$$

❿
$$\begin{array}{r} 124 \\ +359 \\ \hline \end{array}$$

⓫
$$\begin{array}{r} 241 \\ +159 \\ \hline \end{array}$$

⓬
$$\begin{array}{r} 383 \\ +468 \\ \hline \end{array}$$

⓭
$$\begin{array}{r} 176 \\ +584 \\ \hline \end{array}$$

⓮
$$\begin{array}{r} 487 \\ +354 \\ \hline \end{array}$$

⓯
$$\begin{array}{r} 247 \\ +453 \\ \hline \end{array}$$

⓰
$$\begin{array}{r} 136 \\ +785 \\ \hline \end{array}$$

⓱ $150+100=$

⓲ $200+150=$

⓳ $321+457=$

⓴ $426+234=$

まちがえたもんだいは，もう一(いち)どやりなおしてみよう。

点

13 3けたの数のたし算(10)

月　日　名前　はじめ　時　分　おわり　時　分

1 計算をしましょう。〔1もん　2点〕

❶ 274 ＋352

❷ 441 ＋264

❸ 328 ＋454

❹ 178 ＋644

❺ 63 ＋174

❻ 48 ＋124

❼ 61 ＋449

❽ 87 ＋574

❾ 459 ＋102

❿ 349 ＋474

⓫ 141 ＋259

⓬ 537 ＋373

⓭ 193 ＋508

⓮ 308 ＋192

⓯ 168 ＋175

⓰ 197 ＋306

⓱ 100＋198＝

⓲ 250＋100＝

⓳ 139＋252＝

⓴ 165＋518＝

2 計算(けいさん)をしましょう。

〔1もん　3点(てん)〕

❶ $\begin{array}{r} 549 \\ +312 \\ \hline \end{array}$

❷ $\begin{array}{r} 208 \\ +444 \\ \hline \end{array}$

❸ $\begin{array}{r} 109 \\ +411 \\ \hline \end{array}$

❹ $\begin{array}{r} 567 \\ +234 \\ \hline \end{array}$

❺ $\begin{array}{r} 53 \\ +274 \\ \hline \end{array}$

❻ $\begin{array}{r} 87 \\ +226 \\ \hline \end{array}$

❼ $\begin{array}{r} 194 \\ +510 \\ \hline \end{array}$

❽ $\begin{array}{r} 309 \\ +294 \\ \hline \end{array}$

❾ $\begin{array}{r} 184 \\ +730 \\ \hline \end{array}$

❿ $\begin{array}{r} 365 \\ +495 \\ \hline \end{array}$

⓫ $\begin{array}{r} 598 \\ +278 \\ \hline \end{array}$

⓬ $\begin{array}{r} 397 \\ +527 \\ \hline \end{array}$

⓭ $\begin{array}{r} 266 \\ +582 \\ \hline \end{array}$

⓮ $\begin{array}{r} 243 \\ +377 \\ \hline \end{array}$

⓯ $\begin{array}{r} 98 \\ +102 \\ \hline \end{array}$

⓰ $\begin{array}{r} 67 \\ +283 \\ \hline \end{array}$

⓱ $127+534=$

⓲ $256+336=$

⓳ $164+107=$

⓴ $257+138=$

まちがえたもんだいは，もう一(いち)どやりなおしてみよう。

点

14 3けたの数のたし算(11)

月　日　名前

はじめ　時　分　おわり　時　分

1 計算をしましょう。〔1もん　2点〕

❶ 128 + 83

❷ 214 + 89

❸ 366 + 79

❹ 467 + 55

❺ 245 + 525

❻ 216 + 384

❼ 546 + 437

❽ 152 + 829

❾ 245 + 255

❿ 324 + 298

⓫ 188 + 523

⓬ 457 + 243

⓭ 812 + 373 = □□□□

⓮ 436 + 728

⓯ 849 + 429

⓰ 359 + 825

⓱ 166 + 26 =

⓲ 45 + 329 =

⓳ 425 + 316 =

⓴ 209 + 687 =

2 計算をしましょう。 〔1もん 3点〕

❶ $\begin{array}{r} 241 \\ +129 \\ \hline \end{array}$

❷ $\begin{array}{r} 329 \\ +556 \\ \hline \end{array}$

❸ $\begin{array}{r} 287 \\ +367 \\ \hline \end{array}$

❹ $\begin{array}{r} 353 \\ +298 \\ \hline \end{array}$

❺ $\begin{array}{r} 376 \\ +840 \\ \hline \end{array}$

❻ $\begin{array}{r} 829 \\ +293 \\ \hline \end{array}$

❼ $\begin{array}{r} 924 \\ +399 \\ \hline \end{array}$

❽ $\begin{array}{r} 588 \\ +546 \\ \hline \end{array}$

❾ $\begin{array}{r} 128 \\ +972 \\ \hline \end{array}$

❿ $\begin{array}{r} 167 \\ +835 \\ \hline \end{array}$

⓫ $\begin{array}{r} 387 \\ +576 \\ \hline \end{array}$

⓬ $\begin{array}{r} 239 \\ +467 \\ \hline \end{array}$

⓭ $\begin{array}{r} 346 \\ +577 \\ \hline \end{array}$

⓮ $\begin{array}{r} 367 \\ +784 \\ \hline \end{array}$

⓯ $\begin{array}{r} 458 \\ +765 \\ \hline \end{array}$

⓰ $\begin{array}{r} 534 \\ +596 \\ \hline \end{array}$

⓱ $260 + 437 =$

⓲ $340 + 569 =$

⓳ $258 + 171 =$

⓴ $427 + 383 =$

まちがえたもんだいは，もう一どやりなおしてみよう。

点

15 3けたの数のたし算(12)

月　日　名前

時　分

おわり　時　分

1 計算をしましょう。

〔1もん　2点〕

❶ 157 ＋288

❷ 127 ＋493

❸ 244 ＋887

❹ 329 ＋799

❺ 478 ＋864

❻ 293 ＋888

❼ 675 ＋875

❽ 862 ＋498

❾ 744 ＋489

❿ 767 ＋366

⓫ 798 ＋533

⓬ 774 ＋656

⓭ 847 ＋357

⓮ 854 ＋469

⓯ 533 ＋877

⓰ 674 ＋858

⓱ 250＋250＝

⓲ 520＋280＝

⓳ 454＋106＝

⓴ 563＋207＝

2 計算(けいさん)をしましょう。

〔1もん　3点(てん)〕

❶
$$\begin{array}{r} 475 \\ +364 \\ \hline \end{array}$$

❷
$$\begin{array}{r} 293 \\ +484 \\ \hline \end{array}$$

❸
$$\begin{array}{r} 670 \\ +175 \\ \hline \end{array}$$

❹
$$\begin{array}{r} 158 \\ +493 \\ \hline \end{array}$$

❺
$$\begin{array}{r} 123 \\ +877 \\ \hline \end{array}$$

❻
$$\begin{array}{r} 300 \\ +800 \\ \hline \end{array}$$

❼
$$\begin{array}{r} 270 \\ +840 \\ \hline \end{array}$$

❽
$$\begin{array}{r} 954 \\ +248 \\ \hline \end{array}$$

❾
$$\begin{array}{r} 318 \\ +836 \\ \hline \end{array}$$

❿
$$\begin{array}{r} 456 \\ +837 \\ \hline \end{array}$$

⓫
$$\begin{array}{r} 214 \\ +868 \\ \hline \end{array}$$

⓬
$$\begin{array}{r} 395 \\ +875 \\ \hline \end{array}$$

⓭
$$\begin{array}{r} 345 \\ +778 \\ \hline \end{array}$$

⓮
$$\begin{array}{r} 469 \\ +735 \\ \hline \end{array}$$

⓯
$$\begin{array}{r} 557 \\ +783 \\ \hline \end{array}$$

⓰
$$\begin{array}{r} 857 \\ +574 \\ \hline \end{array}$$

⓱ $250+350=$

⓲ $280+840=$

⓳ $225+375=$

⓴ $548+366=$

まちがえたもんだいは，もう一(いち)どやりなおしてみよう。

点

16 3けたの数のたし算(13)

月　日　名前　はじめ　時　分　おわり　時　分

1 計算をしましょう。〔1もん　2点〕

❶ $247 + 368$

❷ $359 + 474$

❸ $463 + 557$

❹ $575 + 648$

❺ $652 + 789$

❻ $297 + 457$

❼ $346 + 589$

❽ $432 + 668$

❾ $548 + 796$

❿ $688 + 856$

⓫ $275 + 525$

⓬ $387 + 692$

⓭ $454 + 777$

⓮ $583 + 849$

⓯ $678 + 934$

⓰ $746 + 988$

⓱ $236 + 285 =$

⓲ $352 + 268 =$

⓳ $377 + 435 =$

⓴ $466 + 478 =$

2 計算(けいさん)をしましょう。 〔1もん 3点(てん)〕

❶ $\begin{array}{r} 354 \\ +278 \\ \hline \end{array}$

❷ $\begin{array}{r} 465 \\ +376 \\ \hline \end{array}$

❸ $\begin{array}{r} 548 \\ +479 \\ \hline \end{array}$

❹ $\begin{array}{r} 651 \\ +549 \\ \hline \end{array}$

❺ $\begin{array}{r} 703 \\ +697 \\ \hline \end{array}$

❻ $\begin{array}{r} 488 \\ +264 \\ \hline \end{array}$

❼ $\begin{array}{r} 538 \\ +397 \\ \hline \end{array}$

❽ $\begin{array}{r} 642 \\ +488 \\ \hline \end{array}$

❾ $\begin{array}{r} 746 \\ +595 \\ \hline \end{array}$

❿ $\begin{array}{r} 874 \\ +639 \\ \hline \end{array}$

⓫ $\begin{array}{r} 555 \\ +296 \\ \hline \end{array}$

⓬ $\begin{array}{r} 678 \\ +384 \\ \hline \end{array}$

⓭ $\begin{array}{r} 768 \\ +485 \\ \hline \end{array}$

⓮ $\begin{array}{r} 844 \\ +557 \\ \hline \end{array}$

⓯ $\begin{array}{r} 925 \\ +695 \\ \hline \end{array}$

⓰ $\begin{array}{r} 984 \\ +878 \\ \hline \end{array}$

⓱ $428+367=$

⓲ $457+461=$

⓳ $534+429=$

⓴ $387+556=$

まちがえたもんだいは，もう一(いち)どやりなおしてみよう。

点

17 4けたの数のたし算(1)

月　日　名前

はじめ　時　分　おわり　時　分

1 計算をしましょう。

〔1もん　4点〕

❶ 1000 + 600 =

❷ 1070 + 800 =

❸ 1200 + 430 =

❹ 1270 + 425 =

❺ 1376 + 512 =

❻ 1256 + 324 =

❼ 1136 + 458 =

❽ 1523 + 249 =

❾ 2425 + 316 =

❿ 2428 + 244 =

⓫ 3513 + 268 =

⓬ 4237 + 154 =

⓭ 2253 + 142 =

⓮ 2351 + 253 =

⓯ 1480 + 266 =

⓰ 3274 + 392 =

4けたの数のたし算をれんしゅうしよう。

2 計算(けいさん)をしましょう。

〔1もん　2点(てん)〕

❶
$$\begin{array}{r} 2000 \\ +1000 \\ \hline \end{array}$$

❷
$$\begin{array}{r} 3000 \\ +2000 \\ \hline \end{array}$$

❸
$$\begin{array}{r} 1300 \\ +1100 \\ \hline \end{array}$$

❹
$$\begin{array}{r} 2100 \\ +1200 \\ \hline \end{array}$$

❺
$$\begin{array}{r} 3250 \\ +2200 \\ \hline \end{array}$$

❻
$$\begin{array}{r} 3540 \\ +1430 \\ \hline \end{array}$$

❼
$$\begin{array}{r} 3260 \\ +2323 \\ \hline \end{array}$$

❽
$$\begin{array}{r} 4530 \\ +2407 \\ \hline \end{array}$$

❾
$$\begin{array}{r} 2416 \\ +1270 \\ \hline \end{array}$$

❿
$$\begin{array}{r} 2726 \\ +1248 \\ \hline \end{array}$$

⓫
$$\begin{array}{r} 4529 \\ +1334 \\ \hline \end{array}$$

⓬
$$\begin{array}{r} 3648 \\ +2105 \\ \hline \end{array}$$

⓭
$$\begin{array}{r} 3415 \\ +1260 \\ \hline \end{array}$$

⓮
$$\begin{array}{r} 3615 \\ +1267 \\ \hline \end{array}$$

⓯
$$\begin{array}{r} 2475 \\ +1260 \\ \hline \end{array}$$

⓰
$$\begin{array}{r} 1293 \\ +2385 \\ \hline \end{array}$$

⓱
$$\begin{array}{r} 3208 \\ +1455 \\ \hline \end{array}$$

⓲
$$\begin{array}{r} 2383 \\ +1432 \\ \hline \end{array}$$

まちがえたもんだいは，もう一(いち)どやりなおしてみよう。

点

18 4けたの数のたし算(2)

月　日　名前　はじめ　時　分　おわり　時　分

1 計算をしましょう。 〔1もん　4点〕

❶ $2253 + 439$

❷ $2281 + 327$

❸ $1258 + 384$

❹ $1366 + 437$

❺ $1366 + 447$

❻ $1366 + 457$

❼ $3595 + 320$

❽ $3495 + 812$

❾ $2454 + 760$

❿ $4374 + 781$

⓫ $3675 + 573$

⓬ $4275 + 586$

⓭ $6163 + 287$

⓮ $6940 + 287$

⓯ $4798 + 231$

⓰ $3482 + 625$

2 計算(けいさん)をしましょう。

〔1もん　2点(てん)〕

❶
$$\begin{array}{r} 1437 \\ +3245 \\ \hline \end{array}$$

❷
$$\begin{array}{r} 1437 \\ +3285 \\ \hline \end{array}$$

❸
$$\begin{array}{r} 2418 \\ +1264 \\ \hline \end{array}$$

❹
$$\begin{array}{r} 2418 \\ +1294 \\ \hline \end{array}$$

❺
$$\begin{array}{r} 3635 \\ +1265 \\ \hline \end{array}$$

❻
$$\begin{array}{r} 4124 \\ +2399 \\ \hline \end{array}$$

❼
$$\begin{array}{r} 2647 \\ +1730 \\ \hline \end{array}$$

❽
$$\begin{array}{r} 3445 \\ +1792 \\ \hline \end{array}$$

❾
$$\begin{array}{r} 4460 \\ +3874 \\ \hline \end{array}$$

❿
$$\begin{array}{r} 6351 \\ +1654 \\ \hline \end{array}$$

⓫
$$\begin{array}{r} 1422 \\ +2786 \\ \hline \end{array}$$

⓬
$$\begin{array}{r} 2043 \\ +3983 \\ \hline \end{array}$$

⓭
$$\begin{array}{r} 3285 \\ +4372 \\ \hline \end{array}$$

⓮
$$\begin{array}{r} 3456 \\ +2837 \\ \hline \end{array}$$

⓯
$$\begin{array}{r} 1158 \\ +3294 \\ \hline \end{array}$$

⓰
$$\begin{array}{r} 2547 \\ +1935 \\ \hline \end{array}$$

⓱
$$\begin{array}{r} 2468 \\ +6703 \\ \hline \end{array}$$

⓲
$$\begin{array}{r} 1429 \\ +5837 \\ \hline \end{array}$$

まちがえたもんだいは，もう一(いち)どやりなおしてみよう。

点

19 4けたの数のたし算(3)

月　日　名前　はじめ　時　分　おわり　時　分

1 計算をしましょう。　〔1もん　4点〕

❶ $\begin{array}{r} 1280 \\ +\ 830 \\ \hline \end{array}$

❷ $\begin{array}{r} 2145 \\ +\ 892 \\ \hline \end{array}$

❸ $\begin{array}{r} 3664 \\ +\ 794 \\ \hline \end{array}$

❹ $\begin{array}{r} 3564 \\ +\ 798 \\ \hline \end{array}$

❺ $\begin{array}{r} 2847 \\ +\ 563 \\ \hline \end{array}$

❻ $\begin{array}{r} 4675 \\ +\ 559 \\ \hline \end{array}$

❼ $\begin{array}{r} 2457 \\ +5250 \\ \hline \end{array}$

❽ $\begin{array}{r} 2163 \\ +3845 \\ \hline \end{array}$

❾ $\begin{array}{r} 1520 \\ +4296 \\ \hline \end{array}$

❿ $\begin{array}{r} 3247 \\ +2981 \\ \hline \end{array}$

⓫ $\begin{array}{r} 4905 \\ +3668 \\ \hline \end{array}$

⓬ $\begin{array}{r} 2636 \\ +1439 \\ \hline \end{array}$

⓭ $\begin{array}{r} 1870 \\ +2394 \\ \hline \end{array}$

⓮ $\begin{array}{r} 3267 \\ +4954 \\ \hline \end{array}$

⓯ $\begin{array}{r} 1245 \\ +3797 \\ \hline \end{array}$

⓰ $\begin{array}{r} 2416 \\ +1598 \\ \hline \end{array}$

2 計算(けいさん)をしましょう。

〔1もん　2点(てん)〕

❶
$$\begin{array}{r} 2416 \\ +1293 \\ \hline \end{array}$$

❷
$$\begin{array}{r} 3245 \\ +5526 \\ \hline \end{array}$$

❸
$$\begin{array}{r} 2353 \\ +1298 \\ \hline \end{array}$$

❹
$$\begin{array}{r} 2588 \\ +1546 \\ \hline \end{array}$$

❺
$$\begin{array}{r} 3167 \\ +1835 \\ \hline \end{array}$$

❻
$$\begin{array}{r} 8120 \\ +3735 \\ \hline \end{array}$$

□□□□□

❼
$$\begin{array}{r} 4362 \\ +7280 \\ \hline \end{array}$$

❽
$$\begin{array}{r} 8495 \\ +4293 \\ \hline \end{array}$$

❾
$$\begin{array}{r} 5494 \\ +7252 \\ \hline \end{array}$$

❿
$$\begin{array}{r} 4587 \\ +7204 \\ \hline \end{array}$$

⓫
$$\begin{array}{r} 6143 \\ +5397 \\ \hline \end{array}$$

⓬
$$\begin{array}{r} 7736 \\ +4520 \\ \hline \end{array}$$

⓭
$$\begin{array}{r} 3950 \\ +8754 \\ \hline \end{array}$$

⓮
$$\begin{array}{r} 3456 \\ +7781 \\ \hline \end{array}$$

⓯
$$\begin{array}{r} 4563 \\ +8375 \\ \hline \end{array}$$

⓰
$$\begin{array}{r} 6387 \\ +5416 \\ \hline \end{array}$$

⓱
$$\begin{array}{r} 4592 \\ +7607 \\ \hline \end{array}$$

⓲
$$\begin{array}{r} 9572 \\ +5834 \\ \hline \end{array}$$

まちがえたもんだいは，もう一(いち)どやりなおしてみよう。

点

20 しんだんテスト（1）

月　　日　名前

時　　分　おわり　時　　分

1 つぎの計算をしましょう。〔1もん　2点〕

❶ $\begin{array}{r} 160 \\ +\ \ 73 \\ \hline \end{array}$

❷ $\begin{array}{r} 235 \\ +142 \\ \hline \end{array}$

❸ $\begin{array}{r} 483 \\ +372 \\ \hline \end{array}$

❹ $\begin{array}{r} 294 \\ +185 \\ \hline \end{array}$

❺ $\begin{array}{r} 357 \\ +233 \\ \hline \end{array}$

❻ $\begin{array}{r} 293 \\ +486 \\ \hline \end{array}$

❼ $\begin{array}{r} 325 \\ +567 \\ \hline \end{array}$

❽ $\begin{array}{r} 194 \\ +583 \\ \hline \end{array}$

❾ $\begin{array}{r} 245 \\ +\ \ 87 \\ \hline \end{array}$

❿ $\begin{array}{r} 149 \\ +\ \ 92 \\ \hline \end{array}$

⓫ $\begin{array}{r} 384 \\ +563 \\ \hline \end{array}$

⓬ $\begin{array}{r} 296 \\ +315 \\ \hline \end{array}$

⓭ $\begin{array}{r} 499 \\ +\ \ \ \ 4 \\ \hline \end{array}$

⓮ $\begin{array}{r} 246 \\ +154 \\ \hline \end{array}$

⓯ $\begin{array}{r} 316 \\ +484 \\ \hline \end{array}$

⓰ $\begin{array}{r} 146 \\ +587 \\ \hline \end{array}$

⓱ 153＋372＝

⓲ 198＋106＝

⓳ 467＋83＝

⓴ 206＋354＝

2 つぎの計算をしましょう。 〔1もん　3点〕

❶ $\begin{array}{r} 825 \\ +341 \\ \hline \end{array}$

❷ $\begin{array}{r} 363 \\ +719 \\ \hline \end{array}$

❸ $\begin{array}{r} 274 \\ +853 \\ \hline \end{array}$

❹ $\begin{array}{r} 689 \\ +215 \\ \hline \end{array}$

❺ $\begin{array}{r} 763 \\ +745 \\ \hline \end{array}$

❻ $\begin{array}{r} 964 \\ +\ \ 57 \\ \hline \end{array}$

❼ $\begin{array}{r} 487 \\ +885 \\ \hline \end{array}$

❽ $\begin{array}{r} 638 \\ +753 \\ \hline \end{array}$

❾ $\begin{array}{r} 542 \\ +493 \\ \hline \end{array}$

❿ $\begin{array}{r} 996 \\ +\ \ \ \ 6 \\ \hline \end{array}$

⓫ $\begin{array}{r} 678 \\ +654 \\ \hline \end{array}$

⓬ $\begin{array}{r} 567 \\ +456 \\ \hline \end{array}$

⓭ $386+751=$

⓮ $409+826=$

3 つぎの計算をしましょう。 〔1もん　3点〕

❶ $\begin{array}{r} 3762 \\ +\ \ 819 \\ \hline \end{array}$

❷ $\begin{array}{r} 2468 \\ +5341 \\ \hline \end{array}$

❸ $\begin{array}{r} 3683 \\ +2564 \\ \hline \end{array}$

❹ $\begin{array}{r} 5497 \\ +\ \ 509 \\ \hline \end{array}$

❺ $\begin{array}{r} 4875 \\ +2369 \\ \hline \end{array}$

❻ $\begin{array}{r} 5638 \\ +3396 \\ \hline \end{array}$

答え合わせをして点数をつけてから，103ページのアドバイスを読もう。

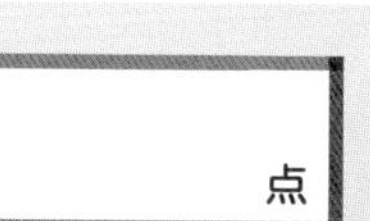

21 ひき算のふくしゅう(1)

月　日　名前

時　分

おわり　時　分

1 計算をしましょう。　〔1もん　2点〕

❶ $18 - 5$

❷ $26 - 4$

❸ $39 - 8$

❹ $57 - 5$

❺ $60 - 9$

❻ $38 - 14$

❼ $46 - 24$

❽ $79 - 26$

❾ $32 - 14$

❿ $50 - 19$

⓫ $73 - 21$

⓬ $61 - 45$

⓭ $42 - 18$

⓮ $54 - 24$

⓯ $35 - 19$

⓰ $84 - 35$

⓱ $75 - 48$

⓲ $92 - 36$

⓳ $82 - 74$

⓴ $63 - 59$

2 計算(けいさん)をしましょう。 〔1もん　3点(てん)〕

❶ $\begin{array}{r} 61 \\ -11 \\ \hline \end{array}$	❻ $\begin{array}{r} 43 \\ -\ \ 7 \\ \hline \end{array}$	⓫ $\begin{array}{r} 54 \\ -33 \\ \hline \end{array}$	⓰ $\begin{array}{r} 65 \\ -17 \\ \hline \end{array}$
❷ $\begin{array}{r} 52 \\ -23 \\ \hline \end{array}$	❼ $\begin{array}{r} 74 \\ -36 \\ \hline \end{array}$	⓬ $\begin{array}{r} 35 \\ -26 \\ \hline \end{array}$	⓱ $\begin{array}{r} 44 \\ -29 \\ \hline \end{array}$
❸ $\begin{array}{r} 44 \\ -\ \ 5 \\ \hline \end{array}$	❽ $\begin{array}{r} 73 \\ -65 \\ \hline \end{array}$	⓭ $\begin{array}{r} 49 \\ -40 \\ \hline \end{array}$	⓲ $\begin{array}{r} 50 \\ -28 \\ \hline \end{array}$
❹ $\begin{array}{r} 72 \\ -15 \\ \hline \end{array}$	❾ $\begin{array}{r} 63 \\ -58 \\ \hline \end{array}$	⓮ $\begin{array}{r} 82 \\ -77 \\ \hline \end{array}$	⓳ $\begin{array}{r} 70 \\ -64 \\ \hline \end{array}$
❺ $\begin{array}{r} 36 \\ -19 \\ \hline \end{array}$	❿ $\begin{array}{r} 45 \\ -28 \\ \hline \end{array}$	⓯ $\begin{array}{r} 68 \\ -50 \\ \hline \end{array}$	⓴ $\begin{array}{r} 85 \\ -78 \\ \hline \end{array}$

ひき算(ざん)のひっ算(さん)を思(おも)い出(だ)そう。

点

22 ひき算のふくしゅう(2)

月　日　

はじめ　時　分　おわり　時　分

1 計算をしましょう。　〔1もん　2点〕

1. $\begin{array}{r} 100 \\ -\ \ 30 \\ \hline \end{array}$
2. $\begin{array}{r} 120 \\ -\ \ 40 \\ \hline \end{array}$
3. $\begin{array}{r} 140 \\ -\ \ 70 \\ \hline \end{array}$
4. $\begin{array}{r} 126 \\ -\ \ 43 \\ \hline \end{array}$
5. $\begin{array}{r} 135 \\ -\ \ 81 \\ \hline \end{array}$
6. $\begin{array}{r} 117 \\ -\ \ 72 \\ \hline \end{array}$
7. $\begin{array}{r} 149 \\ -\ \ 85 \\ \hline \end{array}$
8. $\begin{array}{r} 128 \\ -\ \ 64 \\ \hline \end{array}$
9. $\begin{array}{r} 163 \\ -\ \ 91 \\ \hline \end{array}$
10. $\begin{array}{r} 124 \\ -\ \ 84 \\ \hline \end{array}$
11. $\begin{array}{r} 125 \\ -\ \ 43 \\ \hline \end{array}$
12. $\begin{array}{r} 116 \\ -\ \ 48 \\ \hline \end{array}$
13. $\begin{array}{r} 143 \\ -\ \ 74 \\ \hline \end{array}$
14. $\begin{array}{r} 135 \\ -\ \ 64 \\ \hline \end{array}$
15. $\begin{array}{r} 131 \\ -\ \ 55 \\ \hline \end{array}$
16. $\begin{array}{r} 144 \\ -\ \ 67 \\ \hline \end{array}$
17. $\begin{array}{r} 135 \\ -\ \ 79 \\ \hline \end{array}$
18. $\begin{array}{r} 121 \\ -\ \ 36 \\ \hline \end{array}$
19. $\begin{array}{r} 131 \\ -\ \ 38 \\ \hline \end{array}$
20. $\begin{array}{r} 172 \\ -\ \ 95 \\ \hline \end{array}$

2 計算をしましょう。 〔1もん　3点〕

1. $127 - 42$
2. $146 - 76$
3. $115 - 69$
4. $163 - 65$
5. $140 - 90$
6. $100 - 7$
7. $100 - 25$
8. $130 - 46$
9. $132 - 57$
10. $103 - 6$
11. $110 - 62$
12. $147 - 93$
13. $160 - 89$
14. $168 - 34$
15. $124 - 20$
16. $131 - 28$
17. $249 - 32$
18. $267 - 49$
19. $245 - 38$
20. $336 - 28$

ひき算のひっ算を思い出そう。

点

23 チェックテスト(2)

月　　日　名前　 はじめ　時　分　おわり　時　分 

1 つぎの計算(けいさん)をしましょう。〔1もん　2点(てん)〕

1. $46 - 18$
2. $25 - 9$
3. $51 - 32$
4. $63 - 45$
5. $30 - 17$
6. $17 - 8$
7. $59 - 46$
8. $82 - 74$
9. $36 - 29$
10. $41 - 6$
11. $62 - 19$
12. $94 - 58$
13. $53 - 33$
14. $75 - 46$
15. $80 - 4$
16. $56 - 27$
17. $64 - 36$
18. $82 - 79$
19. $91 - 65$
20. $73 - 68$

2 つぎの計算をしましょう。

〔1もん　3点〕

❶ $134 - 61$

❷ $140 - 83$

❸ $127 - 54$

❹ $100 - 42$

❺ $163 - 85$

❻ $110 - 50$

❼ $129 - 39$

❽ $104 - 8$

❾ $145 - 77$

❿ $172 - 86$

⓫ $120 - 25$

⓬ $101 - 57$

⓭ $165 - 69$

⓮ $112 - 95$

⓯ $103 - 96$

⓰ $164 - 62$

⓱ $156 - 29$

⓲ $238 - 29$

⓳ $340 - 23$

⓴ $482 - 67$

答え合わせをして点数をつけてから，104ページのアドバイスを読もう。

点

24 3けたの数のひき算(1)

月　日　名前

時　分

おわり　時　分

1 計算をしましょう。

〔1もん　2点〕

① 130 − 20	⑥ 230 − 20	⑪ 330 − 20	⑯ 430 − 20
② 130 − 30	⑦ 230 − 30	⑫ 330 − 30	⑰ 430 − 30
③ 130 − 40	⑧ 230 − 40	⑬ 330 − 40	⑱ 430 − 40
④ 130 − 50	⑨ 230 − 50	⑭ 330 − 50	⑲ 430 − 50
⑤ 100 − 70	⑩ 200 − 70	⑮ 300 − 70	⑳ 400 − 70

3けたの数から，2けたの数をひくひき算をれんしゅうしよう。

2 計算(けいさん)をしましょう。

〔1もん　3点(てん)〕

❶ $157 - 39$

❷ $157 - 48$

❸ $157 - 65$

❹ $157 - 73$

❺ $157 - 82$

❻ $257 - 39$

❼ $257 - 48$

❽ $257 - 65$

❾ $257 - 73$

❿ $257 - 82$

⓫ $354 - 27$

⓬ $354 - 36$

⓭ $354 - 62$

⓮ $354 - 72$

⓯ $354 - 82$

⓰ $442 - 16$

⓱ $442 - 38$

⓲ $442 - 51$

⓳ $442 - 61$

⓴ $442 - 71$

まちがえたもんだいは，もう一(いち)どやりなおしてみよう。

点

25 3けたの数のひき算(2)

月　日　名前　はじめ　時　分　おわり　時　分

1 計算をしましょう。 〔1もん　2点〕

❶ $144 - 32$	❻ $244 - 53$	⓫ $344 - 21$	⓰ $444 - 34$
❷ $144 - 37$	❼ $244 - 28$	⓬ $344 - 62$	⓱ $444 - 71$
❸ $144 - 61$	❽ $244 - 72$	⓭ $344 - 36$	⓲ $444 - 83$
❹ $144 - 29$	❾ $244 - 17$	⓮ $344 - 53$	⓳ $444 - 37$
❺ $144 - 83$	❿ $244 - 90$	⓯ $344 - 38$	⓴ $444 - 29$

2 計算をしましょう。 〔1もん　3点〕

① $153 - 31$

② $153 - 27$

③ $153 - 63$

④ $153 - 80$

⑤ $153 - 28$

⑥ $253 - 18$

⑦ $253 - 42$

⑧ $253 - 82$

⑨ $253 - 35$

⑩ $253 - 60$

⑪ $356 - 43$

⑫ $356 - 29$

⑬ $356 - 37$

⑭ $356 - 72$

⑮ $356 - 94$

⑯ $456 - 38$

⑰ $456 - 71$

⑱ $456 - 18$

⑲ $456 - 86$

⑳ $456 - 49$

まちがえたもんだいは，もう一どやりなおしてみよう。

点

26 3けたの数のひき算(3)

月　日　名前

はじめ　時　分　おわり　時　分

1 計算をしましょう。　〔1もん　2点〕

❶ 600 − 300

❷ 700 − 300

❸ 730 − 300

❹ 750 − 320

❺ 753 − 430

❻ 357 − 123

❼ 357 − 147

❽ 357 − 150

❾ 357 − 107

❿ 357 − 157

⓫ 468 − 234

⓬ 468 − 345

⓭ 468 − 123

⓮ 468 − 143

⓯ 468 − 144

⓰ 468 − 164

⓱ 473 − 121

⓲ 473 − 123

⓳ 473 − 125

⓴ 473 − 127

3けたの数から，3けたの数をひくひき算をれんしゅうしよう。

2 計算をしましょう。 〔1もん　3点〕

❶ $534 - 312$

❷ $534 - 224$

❸ $534 - 321$

❹ $534 - 500$

❺ $534 - 530$

❻ $473 - 230$

❼ $473 - 231$

❽ $473 - 233$

❾ $473 - 235$

❿ $473 - 237$

⓫ $535 - 215$

⓬ $535 - 312$

⓭ $535 - 413$

⓮ $535 - 316$

⓯ $535 - 418$

⓰ $645 - 234$

⓱ $645 - 432$

⓲ $645 - 238$

⓳ $645 - 336$

⓴ $645 - 229$

まちがえたもんだいは，もう一どやりなおしてみよう。

点

27 3けたの数のひき算(4)

月　日　名前

はじめ　時　分　おわり　時　分

1 計算をしましょう。

〔1もん　2点〕

❶ 665 − 135

❷ 665 − 234

❸ 665 − 364

❹ 665 − 452

❺ 665 − 347

❻ 666 − 256

❼ 666 − 447

❽ 666 − 349

❾ 666 − 558

❿ 666 − 239

⓫ 665 − 236

⓬ 665 − 127

⓭ 665 − 318

⓮ 665 − 365

⓯ 665 − 429

⓰ 661 − 123

⓱ 661 − 234

⓲ 661 − 345

⓳ 661 − 456

⓴ 661 − 547

2 計算(けいさん)をしましょう。

〔1もん　3点(てん)〕

❶
$$\begin{array}{r} 850 \\ -750 \\ \hline \end{array}$$

❷
$$\begin{array}{r} 857 \\ -243 \\ \hline \end{array}$$

❸
$$\begin{array}{r} 857 \\ -346 \\ \hline \end{array}$$

❹
$$\begin{array}{r} 857 \\ -455 \\ \hline \end{array}$$

❺
$$\begin{array}{r} 857 \\ -349 \\ \hline \end{array}$$

❻
$$\begin{array}{r} 852 \\ -334 \\ \hline \end{array}$$

❼
$$\begin{array}{r} 852 \\ -336 \\ \hline \end{array}$$

❽
$$\begin{array}{r} 852 \\ -338 \\ \hline \end{array}$$

❾
$$\begin{array}{r} 852 \\ -113 \\ \hline \end{array}$$

❿
$$\begin{array}{r} 852 \\ -448 \\ \hline \end{array}$$

⓫
$$\begin{array}{r} 654 \\ -326 \\ \hline \end{array}$$

⓬
$$\begin{array}{r} 654 \\ -419 \\ \hline \end{array}$$

⓭
$$\begin{array}{r} 654 \\ -427 \\ \hline \end{array}$$

⓮
$$\begin{array}{r} 654 \\ -215 \\ \hline \end{array}$$

⓯
$$\begin{array}{r} 654 \\ -348 \\ \hline \end{array}$$

⓰
$$\begin{array}{r} 645 \\ -270 \\ \hline \end{array}$$

⓱
$$\begin{array}{r} 645 \\ -180 \\ \hline \end{array}$$

⓲
$$\begin{array}{r} 645 \\ -163 \\ \hline \end{array}$$

⓳
$$\begin{array}{r} 645 \\ -282 \\ \hline \end{array}$$

⓴
$$\begin{array}{r} 645 \\ -385 \\ \hline \end{array}$$

まちがえたもんだいは，もう一(いち)どやりなおしてみよう。

点

28 3けたの数のひき算(5)

月　日　名前　はじめ　時　分　おわり　時　分

1 計算をしましょう。

〔1もん　2点〕

❶ $\begin{array}{r} 242 \\ -120 \\ \hline \end{array}$

❷ $\begin{array}{r} 256 \\ -150 \\ \hline \end{array}$

❸ $\begin{array}{r} 283 \\ -253 \\ \hline \end{array}$

❹ $\begin{array}{r} 374 \\ -155 \\ \hline \end{array}$

❺ $\begin{array}{r} 480 \\ -155 \\ \hline \end{array}$

❻ $\begin{array}{r} 617 \\ -153 \\ \hline \end{array}$

❼ $\begin{array}{r} 617 \\ -263 \\ \hline \end{array}$

❽ $\begin{array}{r} 617 \\ -383 \\ \hline \end{array}$

❾ $\begin{array}{r} 617 \\ -456 \\ \hline \end{array}$

❿ $\begin{array}{r} 617 \\ -170 \\ \hline \end{array}$

⓫ $\begin{array}{r} 835 \\ -150 \\ \hline \end{array}$

⓬ $\begin{array}{r} 835 \\ -382 \\ \hline \end{array}$

⓭ $\begin{array}{r} 835 \\ -264 \\ \hline \end{array}$

⓮ $\begin{array}{r} 835 \\ -571 \\ \hline \end{array}$

⓯ $\begin{array}{r} 835 \\ -695 \\ \hline \end{array}$

⓰ $\begin{array}{r} 546 \\ -352 \\ \hline \end{array}$

⓱ $\begin{array}{r} 546 \\ -194 \\ \hline \end{array}$

⓲ $\begin{array}{r} 546 \\ -265 \\ \hline \end{array}$

⓳ $\begin{array}{r} 546 \\ -183 \\ \hline \end{array}$

⓴ $\begin{array}{r} 546 \\ -376 \\ \hline \end{array}$

2 計算(けいさん)をしましょう。

〔1もん　3点(てん)〕

❶
$$\begin{array}{r} 555 \\ -342 \\ \hline \end{array}$$

❷
$$\begin{array}{r} 555 \\ -238 \\ \hline \end{array}$$

❸
$$\begin{array}{r} 555 \\ -137 \\ \hline \end{array}$$

❹
$$\begin{array}{r} 555 \\ -264 \\ \hline \end{array}$$

❺
$$\begin{array}{r} 555 \\ -382 \\ \hline \end{array}$$

❻
$$\begin{array}{r} 555 \\ -163 \\ \hline \end{array}$$

❼
$$\begin{array}{r} 555 \\ -139 \\ \hline \end{array}$$

❽
$$\begin{array}{r} 555 \\ -207 \\ \hline \end{array}$$

❾
$$\begin{array}{r} 555 \\ -172 \\ \hline \end{array}$$

❿
$$\begin{array}{r} 555 \\ -480 \\ \hline \end{array}$$

⓫
$$\begin{array}{r} 555 \\ -337 \\ \hline \end{array}$$

⓬
$$\begin{array}{r} 555 \\ -384 \\ \hline \end{array}$$

⓭
$$\begin{array}{r} 555 \\ -446 \\ \hline \end{array}$$

⓮
$$\begin{array}{r} 555 \\ -462 \\ \hline \end{array}$$

⓯
$$\begin{array}{r} 555 \\ -349 \\ \hline \end{array}$$

⓰
$$\begin{array}{r} 555 \\ -418 \\ \hline \end{array}$$

⓱
$$\begin{array}{r} 555 \\ -481 \\ \hline \end{array}$$

⓲
$$\begin{array}{r} 555 \\ -173 \\ \hline \end{array}$$

⓳
$$\begin{array}{r} 555 \\ -247 \\ \hline \end{array}$$

⓴
$$\begin{array}{r} 555 \\ -494 \\ \hline \end{array}$$

まちがえたもんだいは，もう一(いち)どやりなおしてみよう。

点

29 3けたの数のひき算(6)

月　　日　名前

時　　分

おわり　時　　分

1 計算をしましょう。

〔1もん　2点〕

① $146 - 18$

② $146 - 28$

③ $146 - 38$

④ $146 - 48$

⑤ $146 - 78$

⑥ $135 - 18$

⑦ $135 - 28$

⑧ $135 - 48$

⑨ $135 - 68$

⑩ $135 - 38$

⑪ $124 - 16$

⑫ $124 - 35$

⑬ $124 - 37$

⑭ $124 - 67$

⑮ $124 - 27$

⑯ $124 - 18$

⑰ $124 - 38$

⑱ $124 - 68$

⑲ $124 - 58$

⑳ $124 - 25$

2 計算をしましょう。 〔1もん 3点〕

❶ 135 − 17

❷ 135 − 27

❸ 135 − 47

❹ 135 − 67

❺ 135 − 37

❻ 123 − 43

❼ 123 − 46

❽ 123 − 48

❾ 123 − 68

❿ 123 − 88

⓫ 123 − 14

⓬ 123 − 34

⓭ 123 − 54

⓮ 123 − 74

⓯ 123 − 24

⓰ 163 − 38

⓱ 163 − 58

⓲ 163 − 78

⓳ 163 − 98

⓴ 163 − 68

まちがえたもんだいは，もう一どやりなおしてみよう。

点

3けたの数のひき算(7)

月　日　名前

時　分　おわり　時　分

1 計算をしましょう。〔1もん　2点〕

❶ $157 - 34$	❻ $257 - 34$	⓫ $354 - 18$	⓰ $443 - 18$
❷ $157 - 44$	❼ $257 - 49$	⓬ $354 - 28$	⓱ $443 - 38$
❸ $157 - 64$	❽ $257 - 69$	⓭ $354 - 48$	⓲ $443 - 58$
❹ $157 - 68$	❾ $257 - 79$	⓮ $354 - 68$	⓳ $443 - 78$
❺ $157 - 79$	❿ $257 - 59$	⓯ $354 - 58$	⓴ $443 - 48$

2 計算をしましょう。 〔1もん 3点〕

❶ 364 − 37

❷ 364 − 57

❸ 364 − 67

❹ 364 − 87

❺ 364 − 97

❻ 364 − 137

❼ 364 − 157

❽ 364 − 167

❾ 364 − 187

❿ 364 − 197

⓫ 325 − 119

⓬ 325 − 159

⓭ 325 − 169

⓮ 432 − 126

⓯ 432 − 156

⓰ 761 − 235

⓱ 761 − 255

⓲ 761 − 245

⓳ 652 − 271

⓴ 652 − 280

まちがえたもんだいは，もう一どやりなおしてみよう。

31 3けたの数のひき算(8)

月　日　名前　はじめ　時　分　おわり　時　分

1 計算をしましょう。

〔1もん　2点〕

❶ 756 − 228

❷ 756 − 283

❸ 756 − 287

❹ 782 − 256

❺ 714 − 256

❻ 674 − 259

❼ 674 − 292

❽ 674 − 289

❾ 453 − 218

❿ 453 − 278

⓫ 843 − 127

⓬ 843 − 162

⓭ 843 − 167

⓮ 843 − 417

⓯ 843 − 687

⓰ 843 − 236

⓱ 843 − 272

⓲ 843 − 277

⓳ 843 − 484

⓴ 843 − 489

2 計算(けいさん)をしましょう。

〔1もん　3点(てん)〕

❶ $\begin{array}{r} 842 \\ -217 \\ \hline \end{array}$

❷ $\begin{array}{r} 842 \\ -272 \\ \hline \end{array}$

❸ $\begin{array}{r} 842 \\ -277 \\ \hline \end{array}$

❹ $\begin{array}{r} 842 \\ -380 \\ \hline \end{array}$

❺ $\begin{array}{r} 842 \\ -386 \\ \hline \end{array}$

❻ $\begin{array}{r} 953 \\ -237 \\ \hline \end{array}$

❼ $\begin{array}{r} 953 \\ -272 \\ \hline \end{array}$

❽ $\begin{array}{r} 953 \\ -277 \\ \hline \end{array}$

❾ $\begin{array}{r} 953 \\ -390 \\ \hline \end{array}$

❿ $\begin{array}{r} 953 \\ -397 \\ \hline \end{array}$

⓫ $\begin{array}{r} 730 \\ -314 \\ \hline \end{array}$

⓬ $\begin{array}{r} 730 \\ -370 \\ \hline \end{array}$

⓭ $\begin{array}{r} 730 \\ -376 \\ \hline \end{array}$

⓮ $\begin{array}{r} 730 \\ -408 \\ \hline \end{array}$

⓯ $\begin{array}{r} 730 \\ -488 \\ \hline \end{array}$

⓰ $\begin{array}{r} 713 \\ -320 \\ \hline \end{array}$

⓱ $\begin{array}{r} 713 \\ -307 \\ \hline \end{array}$

⓲ $\begin{array}{r} 713 \\ -328 \\ \hline \end{array}$

⓳ $\begin{array}{r} 713 \\ -427 \\ \hline \end{array}$

⓴ $\begin{array}{r} 713 \\ -418 \\ \hline \end{array}$

まちがえたもんだいは，もう一(いち)どやりなおしてみよう。

点

32 3けたの数のひき算(9)

月　日　名前　はじめ　時　分　おわり　時　分

1 計算をしましょう。　〔1もん　2点〕

① $102 - 18$	⑥ $202 - 18$	⑪ $305 - 19$	⑯ $405 - 26$
② $102 - 28$	⑦ $202 - 28$	⑫ $305 - 29$	⑰ $405 - 46$
③ $102 - 38$	⑧ $202 - 38$	⑬ $305 - 39$	⑱ $405 - 66$
④ $102 - 58$	⑨ $202 - 58$	⑭ $305 - 49$	⑲ $405 - 86$
⑤ $102 - 68$	⑩ $202 - 68$	⑮ $305 - 79$	⑳ $405 - 96$

2 計算(けいさん)をしましょう。

〔1もん　3点(てん)〕

❶ $\begin{array}{r} 101 \\ -\ 14 \\ \hline \end{array}$

❷ $\begin{array}{r} 101 \\ -\ 28 \\ \hline \end{array}$

❸ $\begin{array}{r} 201 \\ -\ 28 \\ \hline \end{array}$

❹ $\begin{array}{r} 301 \\ -\ 28 \\ \hline \end{array}$

❺ $\begin{array}{r} 401 \\ -\ 28 \\ \hline \end{array}$

❻ $\begin{array}{r} 103 \\ -\ 36 \\ \hline \end{array}$

❼ $\begin{array}{r} 203 \\ -\ 37 \\ \hline \end{array}$

❽ $\begin{array}{r} 203 \\ -\ 38 \\ \hline \end{array}$

❾ $\begin{array}{r} 303 \\ -\ 38 \\ \hline \end{array}$

❿ $\begin{array}{r} 403 \\ -\ 39 \\ \hline \end{array}$

⓫ $\begin{array}{r} 103 \\ -\ 17 \\ \hline \end{array}$

⓬ $\begin{array}{r} 203 \\ -\ 25 \\ \hline \end{array}$

⓭ $\begin{array}{r} 303 \\ -\ 46 \\ \hline \end{array}$

⓮ $\begin{array}{r} 403 \\ -\ 67 \\ \hline \end{array}$

⓯ $\begin{array}{r} 503 \\ -\ 89 \\ \hline \end{array}$

⓰ $\begin{array}{r} 100 \\ -\ 12 \\ \hline \end{array}$

⓱ $\begin{array}{r} 100 \\ -\ 15 \\ \hline \end{array}$

⓲ $\begin{array}{r} 100 \\ -\ 25 \\ \hline \end{array}$

⓳ $\begin{array}{r} 100 \\ -\ 27 \\ \hline \end{array}$

⓴ $\begin{array}{r} 200 \\ -\ 13 \\ \hline \end{array}$

まちがえたもんだいは，もう一(いち)どやりなおしてみよう。

点

33 3けたの数のひき算(10)

月　日　名前

はじめ　時　分　おわり　時　分

1 計算をしましょう。

〔1もん　2点〕

❶ $200 - 26$	❻ $500 - 37$	⓫ $410 - 22$	⓰ $510 - 33$
❷ $300 - 28$	❼ $500 - 18$	⓬ $410 - 44$	⓱ $510 - 26$
❸ $400 - 34$	❽ $600 - 55$	⓭ $410 - 62$	⓲ $610 - 79$
❹ $400 - 28$	❾ $600 - 81$	⓮ $410 - 73$	⓳ $610 - 84$
❺ $400 - 36$	❿ $700 - 94$	⓯ $410 - 39$	⓴ $710 - 68$

2 計算をしましょう。 〔1もん 3点〕

① $\begin{array}{r} 403 \\ -\ \ 56 \\ \hline \end{array}$

② $\begin{array}{r} 403 \\ -\ \ 68 \\ \hline \end{array}$

③ $\begin{array}{r} 403 \\ -\ \ 35 \\ \hline \end{array}$

④ $\begin{array}{r} 403 \\ -\ \ 47 \\ \hline \end{array}$

⑤ $\begin{array}{r} 403 \\ -\ \ 89 \\ \hline \end{array}$

⑥ $\begin{array}{r} 403 \\ -156 \\ \hline \end{array}$

⑦ $\begin{array}{r} 403 \\ -168 \\ \hline \end{array}$

⑧ $\begin{array}{r} 403 \\ -135 \\ \hline \end{array}$

⑨ $\begin{array}{r} 403 \\ -147 \\ \hline \end{array}$

⑩ $\begin{array}{r} 403 \\ -189 \\ \hline \end{array}$

⑪ $\begin{array}{r} 501 \\ -\ \ 25 \\ \hline \end{array}$

⑫ $\begin{array}{r} 501 \\ -\ \ 33 \\ \hline \end{array}$

⑬ $\begin{array}{r} 501 \\ -\ \ 46 \\ \hline \end{array}$

⑭ $\begin{array}{r} 501 \\ -\ \ 79 \\ \hline \end{array}$

⑮ $\begin{array}{r} 501 \\ -\ \ 97 \\ \hline \end{array}$

⑯ $\begin{array}{r} 602 \\ -235 \\ \hline \end{array}$

⑰ $\begin{array}{r} 602 \\ -253 \\ \hline \end{array}$

⑱ $\begin{array}{r} 602 \\ -246 \\ \hline \end{array}$

⑲ $\begin{array}{r} 602 \\ -279 \\ \hline \end{array}$

⑳ $\begin{array}{r} 602 \\ -267 \\ \hline \end{array}$

まちがえたもんだいは，もう一どやりなおしてみよう。

点

34 3けたの数のひき算(11)

月　日　名前　はじめ　時　分　おわり　時　分

1 計算をしましょう。〔1もん　2点〕

① 304 − 115

② 304 − 126

③ 304 − 127

④ 304 − 138

⑤ 405 − 117

⑥ 405 − 107

⑦ 405 − 109

⑧ 405 − 108

⑨ 501 − 210

⑩ 501 − 214

⑪ 501 − 304

⑫ 501 − 409

⑬ 704 − 167

⑭ 704 − 178

⑮ 704 − 189

⑯ 704 − 192

⑰ 712 − 401

⑱ 712 − 404

⑲ 712 − 414

⑳ 712 − 525

2 計算(けいさん)をしましょう。

〔1もん　3点(てん)〕

❶ $321 - 34$

❷ $321 - 45$

❸ $321 - 156$

❹ $321 - 175$

❺ $803 - 231$

❻ $803 - 245$

❼ $803 - 346$

❽ $803 - 567$

❾ $831 - 123$

❿ $831 - 345$

⓫ $831 - 567$

⓬ $831 - 678$

⓭ $943 - 364$

⓮ $943 - 575$

⓯ $943 - 657$

⓰ $943 - 746$

⓱ $300 - 100 =$

⓲ $350 - 300 =$

⓳ $260 - 120 =$

⓴ $365 - 125 =$

まちがえたもんだいは，もう一(いち)どやりなおしてみよう。

35 3けたの数のひき算(12)

月　日　名前

時　分

時　分

1 計算をしましょう。　〔1もん　2点〕

❶ $303 - 120$

❷ $303 - 190$

❸ $303 - 168$

❹ $303 - 189$

❺ $306 - 106$

❻ $306 - 107$

❼ $306 - 108$

❽ $306 - 109$

❾ $604 - 410$

❿ $604 - 374$

⓫ $604 - 328$

⓬ $604 - 276$

⓭ $503 - 267$

⓮ $503 - 279$

⓯ $503 - 259$

⓰ $503 - 209$

⓱ $528 - 106 =$

⓲ $347 - 123 =$

⓳ $174 - 38 =$

⓴ $263 - 37 =$

2 計算(けいさん)をしましょう。　〔1もん　3点(てん)〕

❶
$$\begin{array}{r} 500 \\ -147 \\ \hline \end{array}$$

❷
$$\begin{array}{r} 500 \\ -357 \\ \hline \end{array}$$

❸
$$\begin{array}{r} 510 \\ -269 \\ \hline \end{array}$$

❹
$$\begin{array}{r} 510 \\ -378 \\ \hline \end{array}$$

❺
$$\begin{array}{r} 814 \\ -345 \\ \hline \end{array}$$

❻
$$\begin{array}{r} 814 \\ -406 \\ \hline \end{array}$$

❼
$$\begin{array}{r} 814 \\ -508 \\ \hline \end{array}$$

❽
$$\begin{array}{r} 814 \\ -777 \\ \hline \end{array}$$

❾
$$\begin{array}{r} 800 \\ -675 \\ \hline \end{array}$$

❿
$$\begin{array}{r} 800 \\ -426 \\ \hline \end{array}$$

⓫
$$\begin{array}{r} 800 \\ -264 \\ \hline \end{array}$$

⓬
$$\begin{array}{r} 800 \\ -\ \ 99 \\ \hline \end{array}$$

⓭
$$\begin{array}{r} 804 \\ -675 \\ \hline \end{array}$$

⓮
$$\begin{array}{r} 804 \\ -406 \\ \hline \end{array}$$

⓯
$$\begin{array}{r} 814 \\ -207 \\ \hline \end{array}$$

⓰
$$\begin{array}{r} 814 \\ -799 \\ \hline \end{array}$$

⓱ 236－118＝

⓲ 236－70＝

⓳ 415－160＝

⓴ 400－273＝

まちがえたもんだいは，もう一(いち)どやりなおしてみよう。

36 4けたの数のひき算(1)

月　日	名前	はじめ　時　分	おわり　時　分

1 計算をしましょう。 〔1もん　4点〕

❶ $\begin{array}{r} 1365 \\ -\quad 2 \\ \hline \end{array}$

❷ $\begin{array}{r} 1365 \\ -\quad 4 \\ \hline \end{array}$

❸ $\begin{array}{r} 1365 \\ -\quad 7 \\ \hline \end{array}$

❹ $\begin{array}{r} 1365 \\ -\quad 9 \\ \hline \end{array}$

❺ $\begin{array}{r} 1243 \\ -\quad 8 \\ \hline \end{array}$

❻ $\begin{array}{r} 1243 \\ -\quad 5 \\ \hline \end{array}$

❼ $\begin{array}{r} 1456 \\ -\quad 32 \\ \hline \end{array}$

❽ $\begin{array}{r} 1456 \\ -\quad 45 \\ \hline \end{array}$

❾ $\begin{array}{r} 1456 \\ -\quad 38 \\ \hline \end{array}$

❿ $\begin{array}{r} 1456 \\ -\quad 73 \\ \hline \end{array}$

⓫ $\begin{array}{r} 1642 \\ -\quad 27 \\ \hline \end{array}$

⓬ $\begin{array}{r} 1642 \\ -\quad 51 \\ \hline \end{array}$

⓭ $\begin{array}{r} 1575 \\ -\quad 364 \\ \hline \end{array}$

⓮ $\begin{array}{r} 1575 \\ -\quad 347 \\ \hline \end{array}$

⓯ $\begin{array}{r} 1575 \\ -\quad 382 \\ \hline \end{array}$

⓰ $\begin{array}{r} 1256 \\ -\quad 653 \\ \hline \end{array}$

4けたの数のひき算をれんしゅうしよう。

2 計算(けいさん)をしましょう。

〔1もん　2点(てん)〕

❶ $\begin{array}{r} 1234 \\ -\quad 6 \\ \hline \end{array}$

❷ $\begin{array}{r} 1234 \\ -\quad 16 \\ \hline \end{array}$

❸ $\begin{array}{r} 1234 \\ -\quad 46 \\ \hline \end{array}$

❹ $\begin{array}{r} 1234 \\ -\quad 36 \\ \hline \end{array}$

❺ $\begin{array}{r} 1525 \\ -\quad 39 \\ \hline \end{array}$

❻ $\begin{array}{r} 1525 \\ -\quad 29 \\ \hline \end{array}$

❼ $\begin{array}{r} 1443 \\ -\quad 27 \\ \hline \end{array}$

❽ $\begin{array}{r} 1443 \\ -\quad 62 \\ \hline \end{array}$

❾ $\begin{array}{r} 1443 \\ -\quad 56 \\ \hline \end{array}$

❿ $\begin{array}{r} 1443 \\ -\quad 87 \\ \hline \end{array}$

⓫ $\begin{array}{r} 1652 \\ -\quad 85 \\ \hline \end{array}$

⓬ $\begin{array}{r} 1652 \\ -\quad 74 \\ \hline \end{array}$

⓭ $\begin{array}{r} 1546 \\ -\quad 219 \\ \hline \end{array}$

⓮ $\begin{array}{r} 1546 \\ -\quad 273 \\ \hline \end{array}$

⓯ $\begin{array}{r} 1546 \\ -\quad 288 \\ \hline \end{array}$

⓰ $\begin{array}{r} 1546 \\ -\quad 627 \\ \hline \end{array}$

⓱ $\begin{array}{r} 1546 \\ -\quad 762 \\ \hline \end{array}$

⓲ $\begin{array}{r} 1546 \\ -\quad 581 \\ \hline \end{array}$

まちがえたもんだいは，もう一(いち)どやりなおしてみよう。

点

37 4けたの数のひき算(2)

月　日　名前

時　分　おわり　時　分

1 計算をしましょう。　〔1もん　4点〕

❶ $1336 - 157$

❷ $1336 - 257$

❸ $1336 - 518$

❹ $1336 - 645$

❺ $1242 - 361$

❻ $1242 - 576$

❼ $1345 - 473$

❽ $1345 - 432$

❾ $1345 - 527$

❿ $1345 - 358$

⓫ $1534 - 651$

⓬ $1534 - 577$

⓭ $1732 - 855$

⓮ $1732 - 784$

⓯ $1732 - 736$

⓰ $1875 - 877$

2 計算をしましょう。

〔1もん　2点〕

❶
$$\begin{array}{r} 1000 \\ -\quad 6 \\ \hline \end{array}$$

❷
$$\begin{array}{r} 1000 \\ -\quad 16 \\ \hline \end{array}$$

❸
$$\begin{array}{r} 1000 \\ -\ 116 \\ \hline \end{array}$$

❹
$$\begin{array}{r} 1000 \\ -\ 196 \\ \hline \end{array}$$

❺
$$\begin{array}{r} 1200 \\ -\quad 33 \\ \hline \end{array}$$

❻
$$\begin{array}{r} 1200 \\ -\ 193 \\ \hline \end{array}$$

❼
$$\begin{array}{r} 1400 \\ -\quad 47 \\ \hline \end{array}$$

❽
$$\begin{array}{r} 1400 \\ -\ 597 \\ \hline \end{array}$$

❾
$$\begin{array}{r} 1600 \\ -\ 256 \\ \hline \end{array}$$

❿
$$\begin{array}{r} 1600 \\ -\ 693 \\ \hline \end{array}$$

⓫
$$\begin{array}{r} 1206 \\ -\quad 8 \\ \hline \end{array}$$

⓬
$$\begin{array}{r} 1206 \\ -\quad 18 \\ \hline \end{array}$$

⓭
$$\begin{array}{r} 1206 \\ -\quad 98 \\ \hline \end{array}$$

⓮
$$\begin{array}{r} 1206 \\ -\ 398 \\ \hline \end{array}$$

⓯
$$\begin{array}{r} 1073 \\ -\ 328 \\ \hline \end{array}$$

⓰
$$\begin{array}{r} 1073 \\ -\ 368 \\ \hline \end{array}$$

⓱
$$\begin{array}{r} 1073 \\ -\ 592 \\ \hline \end{array}$$

⓲
$$\begin{array}{r} 1073 \\ -\ 976 \\ \hline \end{array}$$

まちがえたもんだいは，もう一どやりなおしてみよう。

点

38 4けたの数(かず)のひき算(さん)(3)

月　日　名前

時　分

おわり

時　分

1 計算(けいさん)をしましょう。　〔1もん　4点(てん)〕

❶ $5000 - 3000$

❷ $6000 - 3000$

❸ $6300 - 3000$

❹ $6500 - 3200$

❺ $3570 - 1230$

❻ $3570 - 1470$

❼ $3570 - 1500$

❽ $3570 - 1070$

❾ $4685 - 2340$

❿ $4685 - 3462$

⓫ $4685 - 2357$

⓬ $4685 - 1076$

⓭ $5374 - 3124$

⓮ $5374 - 3126$

⓯ $5374 - 4239$

⓰ $5374 - 5168$

2 計算をしましょう。

〔1もん　2点〕

❶ $\begin{array}{r} 6852 \\ -2341 \\ \hline \end{array}$	❼ $\begin{array}{r} 4735 \\ -1680 \\ \hline \end{array}$	⓭ $\begin{array}{r} 6175 \\ -1530 \\ \hline \end{array}$
❷ $\begin{array}{r} 6852 \\ -2317 \\ \hline \end{array}$	❽ $\begin{array}{r} 4735 \\ -1548 \\ \hline \end{array}$	⓮ $\begin{array}{r} 6175 \\ -2639 \\ \hline \end{array}$
❸ $\begin{array}{r} 6852 \\ -3370 \\ \hline \end{array}$	❾ $\begin{array}{r} 3462 \\ -1248 \\ \hline \end{array}$	⓯ $\begin{array}{r} 6175 \\ -3881 \\ \hline \end{array}$
❹ $\begin{array}{r} 6852 \\ -3951 \\ \hline \end{array}$	❿ $\begin{array}{r} 3462 \\ -1541 \\ \hline \end{array}$	⓰ $\begin{array}{r} 5469 \\ -3527 \\ \hline \end{array}$
❺ $\begin{array}{r} 4735 \\ -2318 \\ \hline \end{array}$	⓫ $\begin{array}{r} 3462 \\ -1476 \\ \hline \end{array}$	⓱ $\begin{array}{r} 5469 \\ -1370 \\ \hline \end{array}$
❻ $\begin{array}{r} 4735 \\ -2374 \\ \hline \end{array}$	⓬ $\begin{array}{r} 3462 \\ -1844 \\ \hline \end{array}$	⓲ $\begin{array}{r} 5469 \\ -2485 \\ \hline \end{array}$

まちがえたもんだいは，もう一どやりなおしてみよう。

点

4けたの数のひき算(4)

月　日　名前

はじめ　時　分　おわり　時　分

1 計算をしましょう。　〔1もん　4点〕

❶ $\begin{array}{r} 4756 \\ -1228 \\ \hline \end{array}$

❷ $\begin{array}{r} 4756 \\ -2783 \\ \hline \end{array}$

❸ $\begin{array}{r} 4756 \\ -2287 \\ \hline \end{array}$

❹ $\begin{array}{r} 3734 \\ -1256 \\ \hline \end{array}$

❺ $\begin{array}{r} 3734 \\ -1916 \\ \hline \end{array}$

❻ $\begin{array}{r} 3734 \\ -1889 \\ \hline \end{array}$

❼ $\begin{array}{r} 5673 \\ -2759 \\ \hline \end{array}$

❽ $\begin{array}{r} 5673 \\ -2792 \\ \hline \end{array}$

❾ $\begin{array}{r} 5673 \\ -2789 \\ \hline \end{array}$

❿ $\begin{array}{r} 7452 \\ -1266 \\ \hline \end{array}$

⓫ $\begin{array}{r} 7452 \\ -1670 \\ \hline \end{array}$

⓬ $\begin{array}{r} 7452 \\ -1677 \\ \hline \end{array}$

⓭ $\begin{array}{r} 4355 \\ -2370 \\ \hline \end{array}$

⓮ $\begin{array}{r} 4355 \\ -2816 \\ \hline \end{array}$

⓯ $\begin{array}{r} 4355 \\ -1768 \\ \hline \end{array}$

⓰ $\begin{array}{r} 4355 \\ -1697 \\ \hline \end{array}$

2 計算をしましょう。　〔1もん　2点〕

❶ $\begin{array}{r} 4842 \\ -4272 \\ \hline \end{array}$

❷ $\begin{array}{r} 4842 \\ -4377 \\ \hline \end{array}$

❸ $\begin{array}{r} 5284 \\ -4655 \\ \hline \end{array}$

❹ $\begin{array}{r} 5284 \\ -4786 \\ \hline \end{array}$

❺ $\begin{array}{r} 3730 \\ -1376 \\ \hline \end{array}$

❻ $\begin{array}{r} 3730 \\ -1488 \\ \hline \end{array}$

❼ $\begin{array}{r} 5720 \\ -3134 \\ \hline \end{array}$

❽ $\begin{array}{r} 5720 \\ -3232 \\ \hline \end{array}$

❾ $\begin{array}{r} 4704 \\ -1267 \\ \hline \end{array}$

❿ $\begin{array}{r} 4704 \\ -1289 \\ \hline \end{array}$

⓫ $\begin{array}{r} 6502 \\ -2192 \\ \hline \end{array}$

⓬ $\begin{array}{r} 6502 \\ -2195 \\ \hline \end{array}$

⓭ $\begin{array}{r} 3000 \\ -1200 \\ \hline \end{array}$

⓮ $\begin{array}{r} 3000 \\ -1680 \\ \hline \end{array}$

⓯ $\begin{array}{r} 3060 \\ -1070 \\ \hline \end{array}$

⓰ $\begin{array}{r} 3060 \\ -1100 \\ \hline \end{array}$

⓱ $\begin{array}{r} 5030 \\ -2540 \\ \hline \end{array}$

⓲ $\begin{array}{r} 5030 \\ -2170 \\ \hline \end{array}$

まちがえたもんだいは，もう一どやりなおしてみよう。

点

40 しんだんテスト（2）

月　　日　名前

時　　分

時　　分

1 つぎの計算(けいさん)をしましょう。　〔1もん　2点(てん)〕

❶ $245 - 73$

❷ $304 - 65$

❸ $653 - 123$

❹ $252 - 138$

❺ $549 - 354$

❻ $617 - 486$

❼ $825 - 572$

❽ $473 - 239$

❾ $368 - 360$

❿ $756 - 381$

⓫ $963 - 390$

⓬ $768 - 519$

⓭ $648 - 345$

⓮ $754 - 354$

⓯ $546 - 193$

⓰ $516 - 309$

⓱ $256 - 139 =$

⓲ $348 - 135 =$

⓳ $245 - 90 =$

⓴ $525 - 193 =$

2 つぎの計算をしましょう。 〔1もん 3点〕

❶ $\begin{array}{r} 235 \\ -\ \ 48 \\ \hline \end{array}$

❷ $\begin{array}{r} 843 \\ -487 \\ \hline \end{array}$

❸ $\begin{array}{r} 354 \\ -\ \ 96 \\ \hline \end{array}$

❹ $\begin{array}{r} 614 \\ -158 \\ \hline \end{array}$

❺ $\begin{array}{r} 410 \\ -\ \ 89 \\ \hline \end{array}$

❻ $\begin{array}{r} 722 \\ -267 \\ \hline \end{array}$

❼ $\begin{array}{r} 513 \\ -418 \\ \hline \end{array}$

❽ $\begin{array}{r} 720 \\ -235 \\ \hline \end{array}$

❾ $\begin{array}{r} 431 \\ -193 \\ \hline \end{array}$

❿ $\begin{array}{r} 643 \\ -275 \\ \hline \end{array}$

⓫ $\begin{array}{r} 730 \\ -688 \\ \hline \end{array}$

⓬ $\begin{array}{r} 631 \\ -487 \\ \hline \end{array}$

⓭ $402 - 275 =$

⓮ $326 - 58 =$

3 つぎの計算をしましょう。 〔1もん 3点〕

❶ $\begin{array}{r} 1324 \\ -\ \ 678 \\ \hline \end{array}$

❷ $\begin{array}{r} 1035 \\ -\ \ \ \ 48 \\ \hline \end{array}$

❸ $\begin{array}{r} 3656 \\ -1287 \\ \hline \end{array}$

❹ $\begin{array}{r} 3485 \\ -1536 \\ \hline \end{array}$

❺ $\begin{array}{r} 1457 \\ -1274 \\ \hline \end{array}$

❻ $\begin{array}{r} 4164 \\ -3769 \\ \hline \end{array}$

答え合わせをして点数をつけてから，108ページのアドバイスを読もう。

41 小数のたし算・ひき算(1)

月　日　名前

時　分　おわり　時　分

1 小数のたし算をしましょう。 〔1もん　3点〕

れい

0.2＋0.5＝0.7

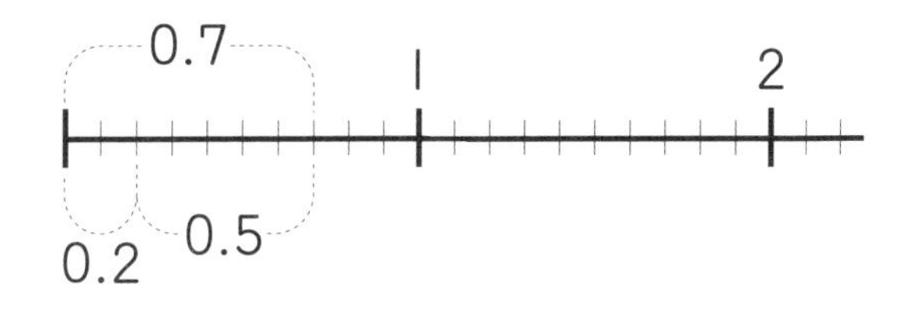

0.2のような数を**小数**といい，『．』を**小数点**といいます。

❶ 0.3＋0.3＝

❷ 0.3＋0.4＝

❸ 0.3＋0.5＝

❹ 0.3＋0.6＝

❺ 0.3＋0.7＝

1.0としないで1とします。

❻ 2.4＋3.2＝

❼ 2.4＋4.3＝

❽ 2.4＋5.4＝

❾ 2.4＋6.5＝

❿ 2.4＋6.6＝

9.0としないで9とします。

2 小数のたし算をしましょう。 〔1もん　3点〕

れい

0.4＋0.8＝1.2　　5.7＋3.8＝9.5

❶ 0.3＋0.8＝

❷ 0.3＋0.9＝

❸ 0.4＋0.9＝

❹ 0.5＋0.9＝

❺ 0.6＋0.9＝

❻ 4.3＋2.8＝

❼ 5.4＋2.6＝

❽ 8.4＋3.5＝

❾ 9.3＋6.9＝

❿ 0.3＋1.7＝

3 小数のたし算をしましょう。 〔1もん　4点〕

れい

$2.5 + 1.7 = 4.2$	$12.8 + 3.9 = 16.7$	$3.5 + 14.5 = 18.0$	$12.5 + 4 = 16.5$

小数のたし算は，小数点のいちをそろえて計算します。

❶ 1.6＋3.7＝

❷ 3.4＋0.8＝

❸ 8.5＋7.9＝

❹ 13.4＋2.7＝

❺ 3.7＋16.3＝

❻ 5.6＋17.5＝

❼ 14.6＋9＝

❽ 7＋16.4＝

❾ 13.8＋0.7＝

❿ 1.6＋15.7＝

20.0としないで
20とします。

小数のたし算はできたかな。まちがえたもんだいは，もう一どやりなおしてみよう。

小数のたし算・ひき算(2)

月　日　名前

はじめ　時　分　おわり　時　分

1 小数のひき算をしましょう。

〔1もん　4点〕

れい

$0.8-0.3=0.5$　　$4.3-1.6=2.7$

❶ $0.8-0.1=$

❷ $2.6-1.4=$

❸ $5.3-1.6=$

❹ $2.1-0.8=$

❺ $3-1.7=$

❻ $1-0.3=$

2 小数のひき算をしましょう。

〔1もん　4点〕

れい

$$\begin{array}{r} 2.5 \\ -1.7 \\ \hline 0.8 \end{array} \quad \begin{array}{r} 12.4 \\ -\ \ 1.6 \\ \hline 10.8 \end{array} \quad \begin{array}{r} 7.3 \\ -4.3 \\ \hline 3.\not{0} \end{array} \quad \begin{array}{r} 4 \\ -1.5 \\ \hline 2.5 \end{array}$$

小数のひき算は，小数点のいちをそろえて計算します。

❶ $2.5-1.8=$

❷ $12.3-1.6=$

❸ $8.4-3.4=$

❹ $5-1.2=$

3 小数のひき算をしましょう。

〔1もん　5点〕

❶ 3.5 − 1.6 =

❷ 14.2 − 3.9 =

❸ 8.7 − 2.7 =

❹ 4 − 2.5 =

❺ 16.7 − 6.4 =

❻ 14.3 − 5.6 =

4 計算をしましょう。

〔1もん　5点〕

❶ 3 + 2.4 + 4.8 =

❷ 3.6 + 2.7 + 4.9 =

❸ 2.5 + 3.6 − 4.7 =

❹ 4.6 − 2.9 + 3.8 =

❺ 9.3 − 2.7 − 3.5 =

❻ 8 − 3.4 + 2.6 =

小数のたし算・ひき算はできたかな。まちがえたもんだいは，もう一どやりなおしてみよう。

点

43 小数のたし算・ひき算(3)

月　日　名前　はじめ　時　分　おわり　時　分

1 小数のたし算をしましょう。〔1もん　5点〕

・れい・

$$\begin{array}{r} 2.57 \\ +3.16 \\ \hline 5.73 \end{array} \qquad \begin{array}{r} 1.74 \\ +2.16 \\ \hline 3.9\not{0} \end{array}$$

❶ $4.12+3.27=$

❷ $2.47+3.25=$

❸ $1.26+3.37=$

❹ $3.24+0.38=$

❺ $8.45+7.39=$

❻ $3.28+2.57=$

❼ $6.29+0.35=$

❽ $2.38+5.12=$

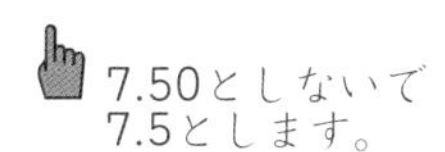

❾ $3.47+1.23=$

❿ $0.04+0.16=$

4年生のもんだいにちょうせんしよう。

2 小数のたし算をしましょう。 〔1もん　5点〕

れい

$$\begin{array}{r} 0.25 \\ +\ 0.3 \\ \hline 0.55 \end{array} \qquad \begin{array}{r} 12.5 \\ +\ \ 5.73 \\ \hline 18.23 \end{array}$$

小数のたし算は，小数点のいちをそろえて計算します。

❶ 0.35＋0.4＝

❷ 1.35＋1.4＝

❸ 14.83＋3.46＝

❹ 56.3＋2.54＝

❺ 15.7＋3.64＝

❻ 23.6＋1.87＝

❼ 23.7＋0.59＝

❽ 3.26＋3.9＝

❾ 2.65＋14.7＝

❿ 12.35＋0.8＝

まちがえたもんだいは，もう一どやりなおしてみよう。

点

44 小数のたし算・ひき算(4)

月　日　名前　はじめ　時　分　おわり　時　分

1 小数のひき算をしましょう。　〔1もん　5点〕

れい

$$\begin{array}{r} 2.71 \\ -1.25 \\ \hline 1.46 \end{array} \qquad \begin{array}{r} 7.56 \\ -2.86 \\ \hline 4.7\not{0} \end{array}$$

❶ $3.53 - 1.32 =$

❷ $5.82 - 2.58 =$

❸ $3.72 - 1.48 =$

❹ $1.25 - 0.07 =$

❺ $0.13 - 0.06 =$

❻ $2.57 - 1.37 =$

❼ $4.58 - 1.38 =$

❽ $8.39 - 4.76 =$

❾ $4.23 - 2.89 =$

❿ $1.25 - 0.81 =$

4年生のもんだいにちょうせんしよう。

2 小数のひき算をしましょう。

〔1もん　5点〕

れい

$$\begin{array}{r} 4.75 \\ -2.3 \\ \hline 2.45 \end{array} \qquad \begin{array}{r} 3.24 \\ -2.6 \\ \hline 0.64 \end{array} \qquad \begin{array}{r} 2.3 \\ -1.16 \\ \hline 1.14 \end{array}$$

小数のひき算は，小数点のいちをそろえて計算します。

❶ $7.64 - 3.2 =$

❷ $9.45 - 2.5 =$

❸ $2.38 - 1.6 =$

❹ $7.03 - 3.8 =$

❺ $5.67 - 0.3 =$

❻ $2.36 - 1.8 =$

❼ $4.5 - 1.38 =$

❽ $6.4 - 4.12 =$

❾ $2.7 - 0.57 =$

❿ $4.3 - 0.36 =$

まちがえたもんだいは，もう一どやりなおしてみよう。

点

45 分数のたし算・ひき算(1)

月　日　名前　 はじめ　時　分　おわり　時　分

1 分数のたし算をしましょう。　〔1もん　5点〕

れい

$\frac{1}{3}+\frac{1}{3}=\frac{2}{3}$

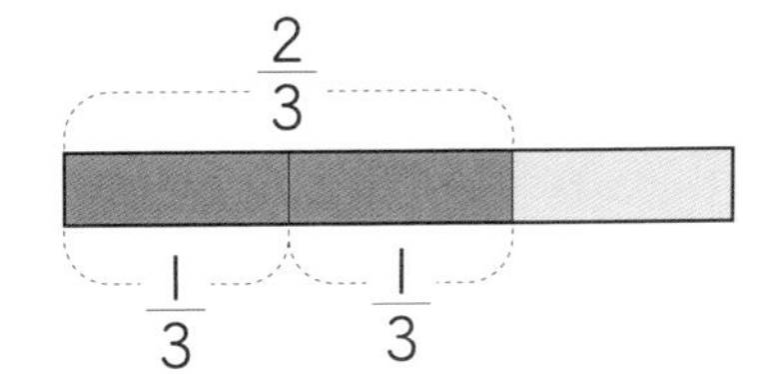

❶ $\frac{1}{5}+\frac{2}{5}=\frac{\square}{5}$

❷ $\frac{1}{5}+\frac{3}{5}=$

❸ $\frac{2}{5}+\frac{2}{5}=$

❹ $\frac{1}{7}+\frac{2}{7}=\frac{\square}{7}$

❺ $\frac{1}{7}+\frac{3}{7}=$

❻ $\frac{2}{7}+\frac{3}{7}=$

❼ $\frac{5}{7}+\frac{1}{7}=$

❽ $\frac{1}{9}+\frac{3}{9}=$

❾ $\frac{1}{9}+\frac{4}{9}=$

❿ $\frac{4}{9}+\frac{3}{9}=$

2 分数のたし算をしましょう。　〔1もん　5点〕

れい

$\frac{3}{5}+\frac{1}{5}=\frac{4}{5}$

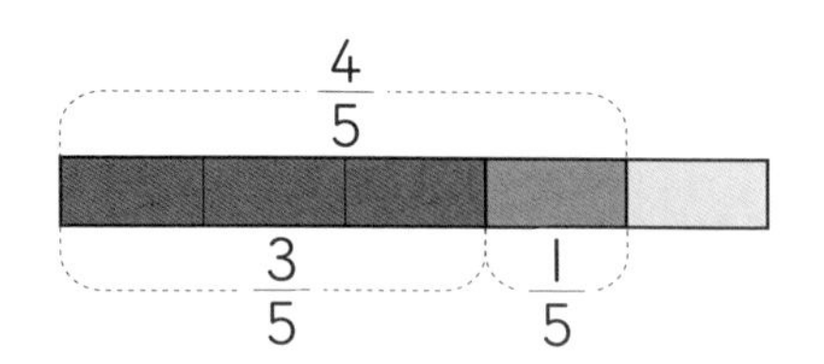

$\frac{3}{5}+\frac{2}{5}=\frac{5}{5}=1$

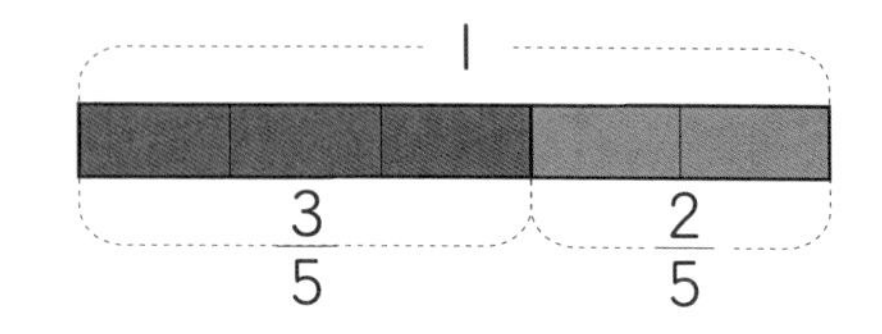

❶ $\frac{1}{5}+\frac{3}{5}=$

❷ $\frac{2}{5}+\frac{3}{5}=\frac{\square}{5}=\square$

❸ $\frac{4}{5}+\frac{1}{5}=$

❹ $\frac{2}{7}+\frac{4}{7}=$

❺ $\frac{3}{7}+\frac{4}{7}=$

❻ $\frac{5}{7}+\frac{2}{7}=$

❼ $\frac{4}{9}+\frac{1}{9}=$

❽ $\frac{4}{9}+\frac{5}{9}=$

❾ $\frac{8}{11}+\frac{2}{11}=$

❿ $\frac{8}{11}+\frac{3}{11}=$

まちがえたもんだいは，もう一どやりなおしてみよう。

点

46 分数のたし算・ひき算（2）

月　日　名前

時　分　おわり　時　分

1 分数のたし算をしましょう。　〔1もん　5点〕

❶ $\frac{2}{5}+\frac{1}{5}=$

❷ $\frac{3}{7}+\frac{2}{7}=$

❸ $\frac{4}{7}+\frac{3}{7}=$

❹ $\frac{2}{9}+\frac{3}{9}=$

❺ $\frac{4}{9}+\frac{4}{9}=$

❻ $\frac{3}{11}+\frac{2}{11}=$

❼ $\frac{6}{11}+\frac{4}{11}=$

❽ $\frac{4}{13}+\frac{7}{13}=$

❾ $\frac{5}{15}+\frac{2}{15}=$

❿ $\frac{8}{15}+\frac{7}{15}=$

2 分数(ぶんすう)のひき算(ざん)をしましょう。

〔1もん　5点(てん)〕

れい

$$\frac{4}{5}-\frac{1}{5}=\frac{3}{5}$$

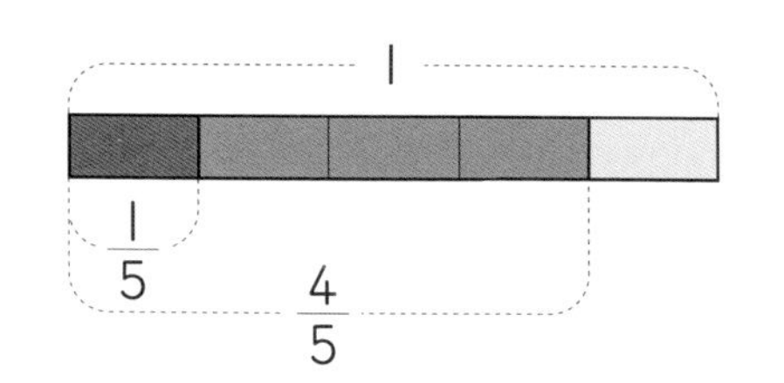

❶ $\frac{4}{5}-\frac{2}{5}=$

❷ $\frac{4}{5}-\frac{3}{5}=$

❸ $\frac{6}{7}-\frac{3}{7}=$

❹ $\frac{5}{7}-\frac{1}{7}=$

❺ $\frac{5}{7}-\frac{2}{7}=$

❻ $\frac{5}{7}-\frac{5}{7}=$

❼ $\frac{7}{9}-\frac{2}{9}=$

❽ $\frac{8}{9}-\frac{1}{9}=$

❾ $\frac{8}{9}-\frac{4}{9}=$

❿ $\frac{8}{9}-\frac{8}{9}=$

まちがえたもんだいは，もう一(いち)どやりなおしてみよう。

点

47 分数のたし算・ひき算(3)

月　日　名前　はじめ　時　分　おわり　時　分

1 分数のひき算をしましょう。〔1もん　5点〕

れい

$1-\frac{1}{4}=\frac{3}{4}$

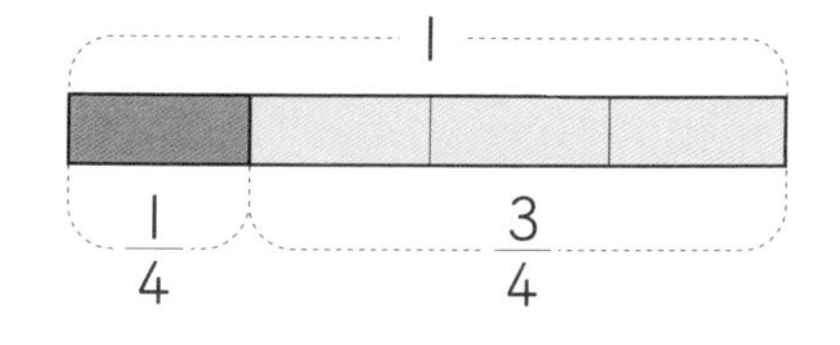

$1-\frac{3}{5}=\frac{2}{5}$

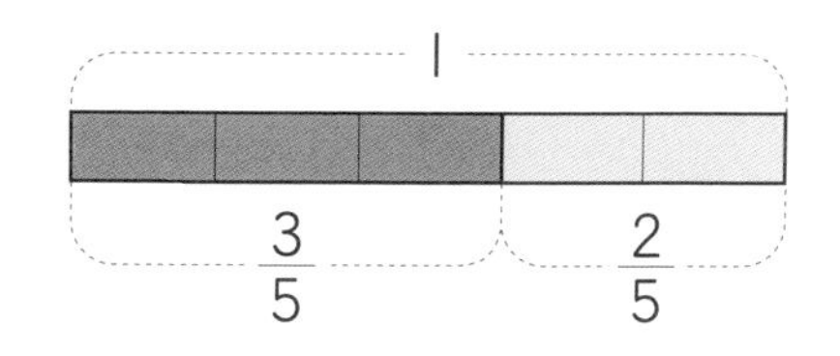

❶ $1-\frac{1}{3}=\frac{\square}{3}$

❷ $1-\frac{1}{5}=$

❸ $1-\frac{6}{7}=$

❹ $1-\frac{8}{9}=$

❺ $1-\frac{5}{9}=$

❻ $1-\frac{4}{5}=$

❼ $1-\frac{2}{9}=$

❽ $1-\frac{3}{8}=$

❾ $1-\frac{7}{10}=$

❿ $1-\frac{3}{7}=$

2 分数のひき算をしましょう。 〔1もん　5点〕

❶ $\frac{2}{3}-\frac{1}{3}=$

❷ $\frac{3}{4}-\frac{2}{4}=$

❸ $\frac{6}{7}-\frac{2}{7}=$

❹ $\frac{8}{9}-\frac{3}{9}=$

❺ $\frac{7}{9}-\frac{3}{9}=$

❻ $\frac{4}{5}-\frac{3}{5}=$

❼ $\frac{4}{6}-\frac{3}{6}=$

❽ $\frac{9}{10}-\frac{2}{10}=$

❾ $1-\frac{1}{3}=$

❿ $1-\frac{9}{10}=$

まちがえたもんだいは，もう一どやりなおしてみよう。

点

48 分数のたし算・ひき算(4)

月　日　名前　はじめ　時　分　おわり　時　分

1 下の〈れい〉のように直しましょう。　〔1もん　2点〕

れい

$\frac{8}{4}=2$　$\frac{18}{6}=3$　$\frac{9}{4}=2\frac{1}{4}$　$\frac{17}{5}=3\frac{2}{5}$

① $\frac{12}{3}=\square$

② $\frac{15}{5}=$

③ $\frac{12}{6}=$

④ $\frac{8}{2}=$

⑤ $\frac{18}{3}=$

⑥ $\frac{12}{4}=$

⑦ $\frac{11}{4}=2\frac{\square}{4}$

⑧ $\frac{13}{4}=3\frac{\square}{4}$

⑨ $\frac{15}{4}=$

⑩ $\frac{17}{4}=$

⑪ $\frac{19}{4}=$

⑫ $\frac{21}{4}=$

⑬ $\frac{7}{5}=$

⑭ $\frac{11}{5}=$

⑮ $\frac{13}{5}=$

⑯ $\frac{16}{5}=$

⑰ $\frac{24}{5}=$

⑱ $\frac{28}{5}=$

4年生のもんだいにちょうせんしよう。

2 下の〈れい〉のように直しましょう。 〔1もん 4点〕

れい

$\frac{12}{4}=3$　　$\frac{11}{4}=2\frac{3}{4}$　　$\frac{5}{5}=1$

❶ $\frac{14}{5}=$

❷ $\frac{18}{5}=$

❸ $\frac{20}{5}=$

❹ $\frac{21}{5}=$

❺ $\frac{23}{5}=$

❻ $\frac{25}{5}=$

❼ $\frac{27}{5}=$

❽ $\frac{40}{5}=$

❾ $\frac{15}{3}=$

❿ $\frac{6}{6}=$

⓫ $\frac{13}{6}=$

⓬ $\frac{18}{6}=$

⓭ $\frac{29}{6}=$

⓮ $\frac{31}{6}=$

⓯ $\frac{27}{4}=$

⓰ $\frac{8}{8}=$

まちがえたもんだいは，もう一どやりなおしてみよう。

点

49 しんだんテスト（3）

月　日　名前　はじめ　時　分　おわり　時　分

1 つぎの計算（けいさん）をしましょう。〔1もん　2点（てん）〕

❶ 0.3＋0.4＝

❷ 2.7＋0.8＝

❸ 7＋5.6＝

❹ 0.6＋0.9＝

❺ 12.4＋0.7＝

❻ 4.3＋6.5＝

❼ 0.5＋1.3＝

❽ 8.7＋7.6＝

❾ 2.8＋16.2＝

❿ 2.3＋3.8＝

2 つぎの計算（けいさん）をしましょう。〔1もん　2点（てん）〕

❶ 0.9－0.3＝

❷ 5.5－2.6＝

❸ 6.8－2.8＝

❹ 2－1.3＝

❺ 16.2－3.5＝

❻ 2.5－1.9＝

❼ 7－2.7＝

❽ 9.3－2.1＝

❾ 12.6－3.8＝

❿ 15.9－8.6＝

3 つぎの計算をしましょう。 〔1もん 5点〕

❶ $\frac{1}{5}+\frac{3}{5}=$

❷ $\frac{1}{7}+\frac{3}{7}=$

❸ $\frac{1}{10}+\frac{9}{10}=$

❹ $\frac{5}{11}+\frac{5}{11}=$

❺ $\frac{2}{7}+\frac{5}{7}=$

❻ $\frac{2}{9}+\frac{5}{9}=$

4 つぎの計算をしましょう。 〔1もん 5点〕

❶ $\frac{5}{7}-\frac{3}{7}=$

❷ $1-\frac{2}{3}=$

❸ $\frac{4}{5}-\frac{2}{5}=$

❹ $\frac{7}{9}-\frac{5}{9}=$

❺ $\frac{8}{9}-\frac{3}{9}=$

❻ $1-\frac{3}{7}=$

答え合わせをして点数をつけてから，111ページのアドバイスを読もう。

点

1 たし算のふくしゅう(1)

P.1・2

1
①17 ⑥42 ⑪45 ⑯91
②29 ⑦38 ⑫54 ⑰81
③30 ⑧57 ⑬74 ⑱95
④34 ⑨76 ⑭80 ⑲73
⑤36 ⑩43 ⑮90 ⑳55

2
①59 ⑥90 ⑪95 ⑯91
②94 ⑦97 ⑫99 ⑰86
③99 ⑧99 ⑬98 ⑱82
④43 ⑨81 ⑭90 ⑲94
⑤97 ⑩82 ⑮92 ⑳91

2 たし算のふくしゅう(2)

P.3・4

1
①95 ⑥157 ⑪140 ⑯100
②119 ⑦128 ⑫122 ⑰120
③107 ⑧121 ⑬102 ⑱132
④129 ⑨141 ⑭117 ⑲140
⑤142 ⑩151 ⑮152 ⑳181

2
①169 ⑥157 ⑪182 ⑯193
②199 ⑦169 ⑫268 ⑰370
③181 ⑧188 ⑬283 ⑱225
④216 ⑨281 ⑭383 ⑲441
⑤254 ⑩395 ⑮384 ⑳593

3 チェックテスト(1)

P.5・6

1
①44 ⑥99 ⑪84 ⑯40
②41 ⑦83 ⑫45 ⑰97
③77 ⑧43 ⑬91 ⑱63
④72 ⑨45 ⑭87 ⑲93
⑤84 ⑩70 ⑮90 ⑳84

2
①115 ⑥130 ⑪133 ⑯195
②109 ⑦153 ⑫126 ⑰164
③133 ⑧112 ⑬103 ⑱191
④151 ⑨127 ⑭100 ⑲252
⑤130 ⑩141 ⑮123 ⑳391

アドバイス

●**85点から100点の人**
まちがえたもんだいをやりなおしてから，つぎのページにすすみましょう。

●**75点から84点の人**
ここまでのページを，もう一どおさらいしておきましょう。

●**0 点から74点の人**
『2年生 たし算』を，もう一どおさらいしておきましょう。

4 3けたの数のたし算(1)

P.7・8

1
①170 ④168 ⑦122 ⑩181
②186 ⑤180 ⑧131
③163 ⑥114 ⑨143

2
①145 ④292 ⑦491 ⑩481
②163 ⑤272 ⑧182
③290 ⑥351 ⑨471

3
①200 ④700 ⑦330 ⑩899
②300 ⑤900 ⑧540
③500 ⑥240 ⑨790

4
①467 ④691 ⑦641 ⑩580
②478 ⑤692 ⑧692
③454 ⑥653 ⑨774

アドバイス 3けたの数のひっ算も，計算のしかたは2けたのときと同じです。

5 3けたの数のたし算(2)

P.9・10

1

①747 ⑥370 ⑪781 ⑯445

②776 ⑦447 ⑫834 ⑰438

③690 ⑧562 ⑬772 ⑱662

④722 ⑨940 ⑭493 ⑲986

⑤579 ⑩885 ⑮892 ⑳791

2

①180 ⑥280 ⑪498 ⑯587

②214 ⑦314 ⑫529 ⑰495

③228 ⑧328 ⑬648 ⑱251

④337 ⑨437 ⑭718 ⑲370

⑤449 ⑩549 ⑮892 ⑳540

アドバイス 3けたどうしのたし算も，すらすらとできるようになりましたか。もし，むずかしいなと思うようでしたら，「3けたの数のたし算（1）」にもどって，よくおさらいしましょう。

6 3けたの数のたし算(3)

P.11・12

1

①465 ④481 ⑦616 ⑩777

②472 ⑤581 ⑧444

③585 ⑥349 ⑨417

2

①850 ④504 ⑦571 ⑩361

②649 ⑤669 ⑧637

③658 ⑥690 ⑨640

3

①728 ⑥482 ⑪636 ⑯818

②629 ⑦396 ⑫665 ⑰793

③566 ⑧783 ⑬472 ⑱577

④407 ⑨890 ⑭719 ⑲886

⑤570 ⑩271 ⑮810 ⑳637

7 3けたの数のたし算(4)

P.13・14

1

①678 ⑥390 ⑪713 ⑯362

②825 ⑦580 ⑫582 ⑰393

③906 ⑧494 ⑬338 ⑱779

④937 ⑨607 ⑭430 ⑲981

⑤659 ⑩618 ⑮643 ⑳983

2

①363 ⑥814 ⑪489 ⑯795

②490 ⑦649 ⑫384 ⑰881

③815 ⑧537 ⑬751 ⑱490

④451 ⑨492 ⑭899 ⑲687

⑤514 ⑩528 ⑮909 ⑳777

8 3けたの数のたし算(5)

P.15・16

1

①205 ⑥292 ⑪461 ⑯417

②246 ⑦280 ⑫483 ⑰439

③192 ⑧272 ⑬517 ⑱428

④184 ⑨286 ⑭490 ⑲448

⑤186 ⑩366 ⑮454 ⑳394

2

①227 ⑥381 ⑪462 ⑯491

②206 ⑦380 ⑫470 ⑰380

③218 ⑧425 ⑬583 ⑱554

④182 ⑨415 ⑭591 ⑲739

⑤191 ⑩361 ⑮618 ⑳797

9 3けたの数のたし算(6)

P.17・18

1

①282 ⑥327 ⑪352 ⑯393

②292 ⑦308 ⑫422 ⑰403

③302 ⑧304 ⑬284 ⑱413

④312 ⑨312 ⑭314 ⑲423

⑤342 ⑩332 ⑮324 ⑳433

2

①391 ⑥291 ⑪424 ⑯491

②421 ⑦321 ⑫433 ⑰501

③390 ⑧472 ⑬374 ⑱511

④430 ⑨512 ⑭424 ⑲622

⑤434 ⑩532 ⑮444 ⑳722

アドバイス 3けたの数のたし算は，すらすらとできるようになりましたか。もし，まちがいがたくさんあるようでしたら，「3けたの数のたし算（5）」にもどって，よくおさらいしましょう。

10 3けたの数のたし算(7) P.19・20

1

①238	⑥270	⑪200	⑯592
②339	⑦400	⑫222	⑰338
③545	⑧623	⑬309	⑱532
④522	⑨531	⑭300	⑲424
⑤362	⑩533	⑮343	⑳432

2

①285	⑥293	⑪363	⑯341
②295	⑦290	⑫324	⑰534
③315	⑧322	⑬312	⑱455
④402	⑨333	⑭420	⑲360
⑤351	⑩322	⑮521	⑳579

11 3けたの数のたし算(8) P.21・22

1

①382	⑥582	⑪483	⑯804
②392	⑦612	⑫493	⑰833
③422	⑧800	⑬523	⑱602
④412	⑨420	⑭442	⑲574
⑤402	⑩623	⑮402	⑳653

2

①591	⑥886	⑪685	⑯754
②602	⑦891	⑫734	⑰865
③613	⑧883	⑬827	⑱801
④730	⑨775	⑭813	⑲945
⑤700	⑩834	⑮750	⑳821

12 3けたの数のたし算(9) P.23・24

1

①384	⑧442	⑮732
②415	⑨507	⑯731
③765	⑩514	⑰300
④932	⑪613	⑱250
⑤444	⑫923	⑲894
⑥524	⑬200	⑳478
⑦450	⑭501	

2

①855	⑧416	⑮700
②856	⑨806	⑯921
③392	⑩483	⑰250
④646	⑪400	⑱350
⑤512	⑫851	⑲778
⑥726	⑬760	⑳660
⑦920	⑭841	

アドバイス よこ書きの計算がむずかしいようでしたら，たて書きのひっ算になおしてもかまいません。なれると，よこ書きのままできるようになります。

13 3けたの数のたし算(10) P.25・26

1

①626	⑧661	⑮343
②705	⑨561	⑯503
③782	⑩823	⑰298
④822	⑪400	⑱350
⑤237	⑫910	⑲391
⑥172	⑬701	⑳683
⑦510	⑭500	

2

①861	⑧603	⑮200
②652	⑨914	⑯350
③520	⑩860	⑰661
④801	⑪876	⑱592
⑤327	⑫924	⑲271
⑥313	⑬848	⑳395
⑦704	⑭620	

アドバイス よこ書きの計算はたて書きのひっ算になおして計算してもかまいません。まちがえたところがあったら，どこでまちがえたのか，よく見なおしましょう。

14 3けたの数のたし算(11)

P.27・28

1

①211 ②303 ③445 ④522 ⑤770 ⑥600 ⑦983
⑧981 ⑨500 ⑩622 ⑪711 ⑫700 ⑬1185 ⑭1164
⑮1278 ⑯1184 ⑰192 ⑱374 ⑲741 ⑳896

2

①370 ②885 ③654 ④651 ⑤1216 ⑥1122 ⑦1323
⑧1134 ⑨1100 ⑩1002 ⑪963 ⑫706 ⑬923 ⑭1151
⑮1223 ⑯1130 ⑰697 ⑱909 ⑲429 ⑳810

15 3けたの数のたし算(12)

P.29・30

1

①445 ②620 ③1131 ④1128 ⑤1342 ⑥1181 ⑦1550
⑧1360 ⑨1233 ⑩1133 ⑪1331 ⑫1430 ⑬1204 ⑭1323
⑮1410 ⑯1532 ⑰500 ⑱800 ⑲560 ⑳770

2

①839 ②777 ③845 ④651 ⑤1000 ⑥1100 ⑦1110
⑧1202 ⑨1154 ⑩1293 ⑪1082 ⑫1270 ⑬1123 ⑭1204
⑮1340 ⑯1431 ⑰600 ⑱1120 ⑲600 ⑳914

16 3けたの数のたし算(13)

P.31・32

1

①615 ②833 ③1020 ④1223 ⑤1441 ⑥754 ⑦935
⑧1100 ⑨1344 ⑩1544 ⑪800 ⑫1079 ⑬1231 ⑭1432
⑮1612 ⑯1734 ⑰521 ⑱620 ⑲812 ⑳944

2

①632 ②841 ③1027 ④1200 ⑤1400 ⑥752 ⑦935
⑧1130 ⑨1341 ⑩1513 ⑪851 ⑫1062 ⑬1253 ⑭1401
⑮1620 ⑯1862 ⑰795 ⑱918 ⑲963 ⑳943

アドバイス まちがえずに計算できましたか。もし，まちがえたところがあったら，どこでまちがえたのかよく見なおしましょう。

17 4けたの数のたし算(1)

P.33・34

1

①1600 ②1870 ③1630 ④1695 ⑤1888 ⑥1580
⑦1594 ⑧1772 ⑨2741 ⑩2672 ⑪3781 ⑫4391
⑬2395 ⑭2604 ⑮1746 ⑯3666

2

①3000 ②5000 ③2400 ④3300 ⑤5450 ⑥4970
⑦5583 ⑧6937 ⑨3686 ⑩3974 ⑪5863 ⑫5753
⑬4675 ⑭4882 ⑮3735 ⑯3678 ⑰4663 ⑱3815

アドバイス 4けたの数のひっ算も，計算のしかたは2けたや3けたのときと同じです。

18 4けたの数のたし算(2)

P.35・36

1
①2692 ②2608 ③1642 ④1803 ⑤1813 ⑥1823 ⑦3915 ⑧4307 ⑨3214 ⑩5155 ⑪4248 ⑫4861 ⑬6450 ⑭7227 ⑮5029 ⑯4107

2
①4682 ②4722 ③3682 ④3712 ⑤4900 ⑥6523 ⑦4377 ⑧5237 ⑨8334 ⑩8005 ⑪4208 ⑫6026 ⑬7657 ⑭6293 ⑮4452 ⑯4482 ⑰9171 ⑱7266

19 4けたの数のたし算(3)

P.37・38

1
①2110 ②3037 ③4458 ④4362 ⑤3410 ⑥5234 ⑦7707 ⑧6008 ⑨5816 ⑩6228 ⑪8573 ⑫4075 ⑬4264 ⑭8221 ⑮5042 ⑯4014

2
①3709 ②8771 ③3651 ④4134 ⑤5002 ⑥11855 ⑦11642 ⑧12788 ⑨12746 ⑩11791 ⑪11540 ⑫12256 ⑬12704 ⑭11237 ⑮12938 ⑯11803 ⑰12199 ⑱15406

アドバイス 4けたの数のたし算は，まちがえずに計算できましたか。まちがえたところがあったら，どこでまちがえたのかよく見なおしましょう。

20 しんだんテスト(1)

P.39・40

1
①233 ②377 ③855 ④479 ⑤590 ⑥779 ⑦892 ⑧777 ⑨332 ⑩241 ⑪947 ⑫611 ⑬503 ⑭400 ⑮800 ⑯733 ⑰525 ⑱304 ⑲550 ⑳560

2
①1166 ②1082 ③1127 ④904 ⑤1508 ⑥1021 ⑦1372 ⑧1391 ⑨1035 ⑩1002 ⑪1332 ⑫1023 ⑬1137 ⑭1235

3
①4581 ②7809 ③6247 ④6006 ⑤7244 ⑥9034

アドバイス

1でまちがえた人は，「3けたの数のたし算(1)」から，もう一どふくしゅうしましょう。

2でまちがえた人は，「3けたの数のたし算(11)」から，もう一どふくしゅうしましょう。

3でまちがえた人は，「4けたの数のたし算(1)」から，もう一どふくしゅうしましょう。

21 ひき算のふくしゅう(1)

P.41・42

1
①13 ②22 ③31 ④52 ⑤51 ⑥24 ⑦22 ⑧53 ⑨18 ⑩31 ⑪52 ⑫16 ⑬24 ⑭30 ⑮16 ⑯49 ⑰27 ⑱56 ⑲8 ⑳4

2
①50 ②29 ③39 ④57 ⑤17 ⑥36 ⑦38 ⑧8 ⑨5 ⑩17 ⑪21 ⑫9 ⑬9 ⑭5 ⑮18 ⑯48 ⑰15 ⑱22 ⑲6 ⑳7

22 ひき算のふくしゅう(2) P.43・44

1
①70　⑥45　⑪82　⑯77
②80　⑦64　⑫68　⑰56
③70　⑧64　⑬69　⑱85
④83　⑨72　⑭71　⑲93
⑤54　⑩40　⑮76　⑳77

2
①85　⑥93　⑪48　⑯103
②70　⑦75　⑫54　⑰217
③46　⑧84　⑬71　⑱218
④98　⑨75　⑭134　⑲207
⑤50　⑩97　⑮104　⑳308

23 チェックテスト(2) P.45・46

1
①28　⑥9　⑪43　⑯29
②16　⑦13　⑫36　⑰28
③19　⑧8　⑬20　⑱3
④18　⑨7　⑭29　⑲26
⑤13　⑩35　⑮76　⑳5

2
①73　⑥60　⑪95　⑯102
②57　⑦90　⑫44　⑰127
③73　⑧96　⑬96　⑱209
④58　⑨68　⑭17　⑲317
⑤78　⑩86　⑮7　⑳415

アドバイス

●**85点から100点の人**
まちがえたもんだいをやりなおしてから，つぎのページにすすみましょう。

●**75点から84点の人**
ここまでのページを，もう一どおさらいしておきましょう。

●**0点から74点の人**
『2年生　ひき算』を，もう一どおさらいしておきましょう。

24 3けたの数のひき算(1) P.47・48

1
①110　⑥210　⑪310　⑯410
②100　⑦200　⑫300　⑰400
③90　⑧190　⑬290　⑱390
④80　⑨180　⑭280　⑲380
⑤30　⑩130　⑮230　⑳330

2
①118　⑥218　⑪327　⑯426
②109　⑦209　⑫318　⑰404
③92　⑧192　⑬292　⑱391
④84　⑨184　⑭282　⑲381
⑤75　⑩175　⑮272　⑳371

アドバイス　3けたの数のひき算は，すらすらとできましたか。もし，むずかしいなと思うようでしたら，『2年生のひき算』にもどって，よくおさらいをしましょう。

25 3けたの数のひき算(2) P.49・50

1
①112　⑥191　⑪323　⑯410
②107　⑦216　⑫282　⑰373
③83　⑧172　⑬308　⑱361
④115　⑨227　⑭291　⑲407
⑤61　⑩154　⑮306　⑳415

2
①122　⑥235　⑪313　⑯418
②126　⑦211　⑫327　⑰385
③90　⑧171　⑬319　⑱438
④73　⑨218　⑭284　⑲370
⑤125　⑩193　⑮262　⑳407

アドバイス　まちがいがあったら，もう一どよく見なおしましょう。

26 3けたの数のひき算(3)　P.51・52

1 ①300 ②400 ③430 ④430 ⑤323 ⑥234 ⑦210 ⑧207 ⑨250 ⑩200 ⑪234 ⑫123 ⑬345 ⑭325 ⑮324 ⑯304 ⑰352 ⑱350 ⑲348 ⑳346

2 ①222 ②310 ③213 ④34 ⑤4 ⑥243 ⑦242 ⑧240 ⑨238 ⑩236 ⑪320 ⑫223 ⑬122 ⑭219 ⑮117 ⑯411 ⑰213 ⑱407 ⑲309 ⑳416

アドバイス　3けたの数をひくひき算は，すらすらとできましたか。数が大きくなっても，計算のしかたは同じですね。まちがいがあったら，もう一どよく見なおしましょう。

27 3けたの数のひき算(4)　P.53・54

1 ①530 ②431 ③301 ④213 ⑤318 ⑥410 ⑦219 ⑧317 ⑨108 ⑩427 ⑪429 ⑫538 ⑬347 ⑭300 ⑮236 ⑯538 ⑰427 ⑱316 ⑲205 ⑳114

2 ①100 ②614 ③511 ④402 ⑤508 ⑥518 ⑦516 ⑧514 ⑨739 ⑩404 ⑪328 ⑫235 ⑬227 ⑭439 ⑮306 ⑯375 ⑰465 ⑱482 ⑲363 ⑳260

28 3けたの数のひき算(5)　P.55・56

1 ①122 ②106 ③30 ④219 ⑤325 ⑥464 ⑦354 ⑧234 ⑨161 ⑩447 ⑪685 ⑫453 ⑬571 ⑭264 ⑮140 ⑯194 ⑰352 ⑱281 ⑲363 ⑳170

2 ①213 ②317 ③418 ④291 ⑤173 ⑥392 ⑦416 ⑧348 ⑨383 ⑩75 ⑪218 ⑫171 ⑬109 ⑭93 ⑮206 ⑯137 ⑰74 ⑱382 ⑲308 ⑳61

29 3けたの数のひき算(6)　P.57・58

1 ①128 ②118 ③108 ④98 ⑤68 ⑥117 ⑦107 ⑧87 ⑨67 ⑩97 ⑪108 ⑫89 ⑬87 ⑭57 ⑮97 ⑯106 ⑰86 ⑱56 ⑲66 ⑳99

2 ①118 ②108 ③88 ④68 ⑤98 ⑥80 ⑦77 ⑧75 ⑨55 ⑩35 ⑪109 ⑫89 ⑬69 ⑭49 ⑮99 ⑯125 ⑰105 ⑱85 ⑲65 ⑳95

30 3けたの数のひき算(7)　P.59・60

1 ①123 ②113 ③93 ④89 ⑤78 ⑥223 ⑦208 ⑧188 ⑨178 ⑩198 ⑪336 ⑫326 ⑬306 ⑭286 ⑮296 ⑯425 ⑰405 ⑱385 ⑲365 ⑳395

2 ①327 ②307 ③297 ④277 ⑤267 ⑥227 ⑦207 ⑧197 ⑨177 ⑩167 ⑪206 ⑫166 ⑬156 ⑭306 ⑮276 ⑯526 ⑰506 ⑱516 ⑲381 ⑳372

31 3けたの数のひき算(8)

P.61・62

1
①528 ②473 ③469 ④526 ⑤458 ⑥415 ⑦382 ⑧385 ⑨235 ⑩175 ⑪716 ⑫681 ⑬676 ⑭426 ⑮156 ⑯607 ⑰571 ⑱566 ⑲359 ⑳354

2
①625 ②570 ③565 ④462 ⑤456 ⑥716 ⑦681 ⑧676 ⑨563 ⑩556 ⑪416 ⑫360 ⑬354 ⑭322 ⑮242 ⑯393 ⑰406 ⑱385 ⑲286 ⑳295

32 3けたの数のひき算(9)

P.63・64

1
①84 ②74 ③64 ④44 ⑤34 ⑥184 ⑦174 ⑧164 ⑨144 ⑩134 ⑪286 ⑫276 ⑬266 ⑭256 ⑮226 ⑯379 ⑰359 ⑱339 ⑲319 ⑳309

2
①87 ②73 ③173 ④273 ⑤373 ⑥67 ⑦166 ⑧165 ⑨265 ⑩364 ⑪86 ⑫178 ⑬257 ⑭336 ⑮414 ⑯88 ⑰85 ⑱75 ⑲73 ⑳187

33 3けたの数のひき算(10)

P.65・66

1
①174 ②272 ③366 ④372 ⑤364 ⑥463 ⑦482 ⑧545 ⑨519 ⑩606 ⑪388 ⑫366 ⑬348 ⑭337 ⑮371 ⑯477 ⑰484 ⑱531 ⑲526 ⑳642

2
①347 ②335 ③368 ④356 ⑤314 ⑥247 ⑦235 ⑧268 ⑨256 ⑩214 ⑪476 ⑫468 ⑬455 ⑭422 ⑮404 ⑯367 ⑰349 ⑱356 ⑲323 ⑳335

34 3けたの数のひき算(11)

P.67・68

1
①189 ②178 ③177 ④166 ⑤288 ⑥298 ⑦296 ⑧297 ⑨291 ⑩287 ⑪197 ⑫92 ⑬537 ⑭526 ⑮515 ⑯512 ⑰311 ⑱308 ⑲298 ⑳187

2
①287 ②276 ③165 ④146 ⑤572 ⑥558 ⑦457 ⑧236 ⑨708 ⑩486 ⑪264 ⑫153 ⑬579 ⑭368 ⑮286 ⑯197 ⑰200 ⑱50 ⑲140 ⑳240

アドバイス よこ書きの計算がむずかしいようでしたら，たて書きのひっ算になおして計算してもかまいません。

35 3けたの数のひき算(12)

P.69・70

1
①183 ②113 ③135 ④114 ⑤200 ⑥199 ⑦198 ⑧197 ⑨194 ⑩230 ⑪276 ⑫328 ⑬236 ⑭224 ⑮244 ⑯294 ⑰422 ⑱224 ⑲136 ⑳226

2
①353 ②143 ③241 ④132 ⑤469 ⑥408 ⑦306 ⑧37 ⑨125 ⑩374 ⑪536 ⑫701 ⑬129 ⑭398 ⑮607 ⑯15 ⑰118 ⑱166 ⑲255 ⑳127

アドバイス 3けたの数のひき算は，まちがえずに計算できましたか。まちがえたところがあったら，どこでまちがえたのかよく見なおしましょう。

36 4けたの数のひき算(1)

P.71・72

1
①1363 ②1361 ③1358 ④1356 ⑤1235 ⑥1238
⑦1424 ⑧1411 ⑨1418 ⑩1383 ⑪1615 ⑫1591
⑬1211 ⑭1228 ⑮1193 ⑯603

2
①1228 ②1218 ③1188 ④1198 ⑤1486 ⑥1496
⑦1416 ⑧1381 ⑨1387 ⑩1356 ⑪1567 ⑫1578
⑬1327 ⑭1273 ⑮1258 ⑯919 ⑰784 ⑱965

37 4けたの数のひき算(2)

P.73・74

1
①1179 ②1079 ③818 ④691 ⑤881 ⑥666
⑦872 ⑧913 ⑨818 ⑩987 ⑪883 ⑫957
⑬877 ⑭948 ⑮996 ⑯998

2
①994 ②984 ③884 ④804 ⑤1167 ⑥1007
⑦1353 ⑧803 ⑨1344 ⑩907 ⑪1198 ⑫1188
⑬1108 ⑭808 ⑮745 ⑯705 ⑰481 ⑱97

38 4けたの数のひき算(3)

P.75・76

1
①2000 ②3000 ③3300 ④3300 ⑤2340 ⑥2100
⑦2070 ⑧2500 ⑨2345 ⑩1223 ⑪2328 ⑫3609
⑬2250 ⑭2248 ⑮1135 ⑯206

2
①4511 ②4535 ③3482 ④2901 ⑤2417 ⑥2361
⑦3055 ⑧3187 ⑨2214 ⑩1921 ⑪1986 ⑫1618
⑬4645 ⑭3536 ⑮2294 ⑯1942 ⑰4099 ⑱2984

39 4けたの数のひき算(4)

P.77・78

1
①3528 ②1973 ③2469 ④2478 ⑤1818 ⑥1845
⑦2914 ⑧2881 ⑨2884 ⑩6186 ⑪5782 ⑫5775
⑬1985 ⑭1539 ⑮2587 ⑯2658

2
①570 ②465 ③629 ④498 ⑤2354 ⑥2242
⑦2586 ⑧2488 ⑨3437 ⑩3415 ⑪4310 ⑫4307
⑬1800 ⑭1320 ⑮1990 ⑯1960 ⑰2490 ⑱2860

アドバイス 4けたの数のひき算は，まちがえずに計算できましたか。まちがえたところがあったら，どこでまちがえたのかよく見なおしましょう。

40 しんだんテスト(2) P.79・80

1 ①172 ②239 ③530 ④114 ⑤195 ⑥131 ⑦253 ⑧234 ⑨8 ⑩375 ⑪573 ⑫249 ⑬303 ⑭400 ⑮353 ⑯207 ⑰117 ⑱213 ⑲155 ⑳332

2 ①187 ②356 ③258 ④456 ⑤321 ⑥455 ⑦95 ⑧485 ⑨238 ⑩368 ⑪42 ⑫144 ⑬127 ⑭268

3 ①646 ②987 ③2369 ④1949 ⑤183 ⑥395

アドバイス

1でまちがえた人は,「3けたの数のひき算(1)」から,もう一どふくしゅうしましょう。

2でまちがえた人は,「3けたの数のひき算(6)」から,もう一どふくしゅうしましょう。

3でまちがえた人は,「4けたの数のひき算(1)」から,もう一どふくしゅうしましょう。

41 小数のたし算・ひき算(1) P.81・82

1 ①0.6 ②0.7 ③0.8 ④0.9 ⑤1 ⑥5.6 ⑦6.7 ⑧7.8 ⑨8.9 ⑩9

2 ①1.1 ②1.2 ③1.3 ④1.4 ⑤1.5 ⑥7.1 ⑦8 ⑧11.9 ⑨16.2 ⑩2

3 ①5.3 ②4.2 ③16.4 ④16.1 ⑤20 ⑥23.1 ⑦23.6 ⑧23.4 ⑨14.5 ⑩17.3

42 小数のたし算・ひき算(2) P.83・84

1 ①0.7 ②1.2 ③3.7 ④1.3 ⑤1.3 ⑥0.7

2 ①0.7 ②10.7 ③5 ④3.8

3 ①1.9 ②10.3 ③6 ④1.5 ⑤10.3 ⑥8.7

4 ①10.2 ②11.2 ③1.4 ④5.5 ⑤3.1 ⑥7.2

43 小数のたし算・ひき算(3) P.85・86

1
❶7.39
❷5.72
❸4.63
❹3.62
❺15.84
❻5.85
❼6.64
❽7.5
❾4.7
❿0.2

2
❶0.75
❷2.75
❸18.29
❹58.84
❺19.34
❻25.47
❼24.29
❽7.16
❾17.35
❿13.15

44 小数のたし算・ひき算(4) P.87・88

1
❶2.21
❷3.24
❸2.24
❹1.18
❺0.07
❻1.2
❼3.2
❽3.63
❾1.34
❿0.44

2
❶4.44
❷6.95
❸0.78
❹3.23
❺5.37
❻0.56
❼3.12
❽2.28
❾2.13
❿3.94

45 分数のたし算・ひき算(1) P.89・90

1
❶ $\frac{1}{5}+\frac{2}{5}=\frac{\boxed{3}}{5}$
❷ $\frac{4}{5}$
❸ $\frac{4}{5}$
❹ $\frac{1}{7}+\frac{2}{7}=\frac{\boxed{3}}{7}$
❺ $\frac{4}{7}$
❻ $\frac{5}{7}$
❼ $\frac{6}{7}$
❽ $\frac{4}{9}$
❾ $\frac{5}{9}$
❿ $\frac{7}{9}$

2
❶ $\frac{4}{5}$
❷ $\frac{2}{5}+\frac{3}{5}=\frac{\boxed{5}}{5}=\boxed{1}$
❸ 1
❹ $\frac{6}{7}$
❺ 1
❻ 1
❼ $\frac{5}{9}$
❽ 1
❾ $\frac{10}{11}$
❿ 1

46 分数のたし算・ひき算(2) P.91・92

1
❶ $\frac{3}{5}$
❷ $\frac{5}{7}$
❸ 1
❹ $\frac{5}{9}$
❺ $\frac{8}{9}$
❻ $\frac{5}{11}$
❼ $\frac{10}{11}$
❽ $\frac{11}{13}$
❾ $\frac{7}{15}$
❿ 1

2
❶ $\frac{2}{5}$
❷ $\frac{1}{5}$
❸ $\frac{3}{7}$
❹ $\frac{4}{7}$
❺ $\frac{3}{7}$
❻ 0
❼ $\frac{5}{9}$
❽ $\frac{7}{9}$
❾ $\frac{4}{9}$
❿ 0

47 分数のたし算・ひき算(3) P.93・94

1

① $1-\frac{1}{3}=\frac{\boxed{2}}{3}$
② $\frac{4}{5}$
③ $\frac{1}{7}$
④ $\frac{1}{9}$
⑤ $\frac{4}{9}$
⑥ $\frac{1}{5}$
⑦ $\frac{7}{9}$
⑧ $\frac{5}{8}$
⑨ $\frac{3}{10}$
⑩ $\frac{4}{7}$

2

① $\frac{1}{3}$
② $\frac{1}{4}$
③ $\frac{4}{7}$
④ $\frac{5}{9}$
⑤ $\frac{4}{9}$
⑥ $\frac{1}{5}$
⑦ $\frac{1}{6}$
⑧ $\frac{7}{10}$
⑨ $\frac{2}{3}$
⑩ $\frac{1}{10}$

48 分数のたし算・ひき算(4) P.95・96

1

① $\frac{12}{3}=\boxed{4}$
② 3
③ 2
④ 4
⑤ 6
⑥ 3
⑦ $\frac{11}{4}=2\frac{\boxed{3}}{4}$
⑧ $\frac{13}{4}=3\frac{\boxed{1}}{4}$
⑨ $3\frac{3}{4}$
⑩ $4\frac{1}{4}$
⑪ $4\frac{3}{4}$
⑫ $5\frac{1}{4}$
⑬ $1\frac{2}{5}$
⑭ $2\frac{1}{5}$
⑮ $2\frac{3}{5}$
⑯ $3\frac{1}{5}$
⑰ $4\frac{4}{5}$
⑱ $5\frac{3}{5}$

2

① $2\frac{4}{5}$
② $3\frac{3}{5}$
③ 4
④ $4\frac{1}{5}$
⑤ $4\frac{3}{5}$
⑥ 5
⑦ $5\frac{2}{5}$
⑧ 8
⑨ 5
⑩ 1
⑪ $2\frac{1}{6}$
⑫ 3
⑬ $4\frac{5}{6}$
⑭ $5\frac{1}{6}$
⑮ $6\frac{3}{4}$
⑯ 1

49 しんだんテスト(3) P.97・98

1

① 0.7
② 3.5
③ 12.6
④ 1.5
⑤ 13.1
⑥ 10.8
⑦ 1.8
⑧ 16.3
⑨ 19
⑩ 6.1

2

① 0.6
② 2.9
③ 4
④ 0.7
⑤ 12.7
⑥ 0.6
⑦ 4.3
⑧ 7.2
⑨ 8.8
⑩ 7.3

3

① $\frac{4}{5}$
② $\frac{4}{7}$
③ 1
④ $\frac{10}{11}$
⑤ 1
⑥ $\frac{7}{9}$

4

① $\frac{2}{7}$
② $\frac{1}{3}$
③ $\frac{2}{5}$
④ $\frac{2}{9}$
⑤ $\frac{5}{9}$
⑥ $\frac{4}{7}$

アドバイス

1・**2**でまちがえた人は，「小数のたし算・ひき算」を，もう一どふくしゅうしましょう。

3・**4**でまちがえた人は，「分数のたし算・ひき算」を，もう一どふくしゅうしましょう。